# 面白くて眠れなくなる数学

桜井 進

PHP文庫

〇本表紙図柄＝ロゼッタ・ストーン（大英博物館蔵）
〇本表紙デザイン＋紋章＝上田晃郷

# はじめに

カバーに描かれたイラストをご覧ください。

このイラストは、「平面に描かれた地図は四色で塗り分けできるか?」という「四色問題」をモチーフにしています。十九世紀中頃提出されて以来多くの数学者によって解決の努力がなされ、一九七六年にハーケンとアッペルによって解決され「四色定理」となった有名な問題です。

数学には、この問題のように誰にでも理解できるほどわかりやすいにもかかわらず、解決には長い時間が必要となる問題があります。小さな頃に楽しんだ地図の塗り絵の中に数学の難問が隠れているなんて思いもしなかったことです。「四色問題」のように、数学の面白さはいたるところに隠れています。教科書を閉じて、黒板のある教室を離れてはじめて見えてくる数学の風景があります。

√は桜の花びらに――。

因数分解はクレジットカードに――。

そして、無限は丸の中に隠れています。

気が付かないところで、数たちは美を表現し、調和のメロディを奏でています。それはまるで野に咲く一輪の花のように美しいものです。

ひとたび、数たちの演じる優雅な舞とそこに流れる美しい調和の調べを目(ま)の当たりにしたならば、あっという間に虜(とりこ)になってしまうことでしょう。

数学者といわれる人たちはまさにそういった人たちです。彼らが我を忘れて没頭する数学の世界をみなさんものぞいてみたいと思いませんか？

数学には教科書に書かれていない驚異の物語があります。身近な風景に隠れた数学が発見されていく歴史と数学者たちの挑戦です。きっとワクワク、ドキドキの連続になることでしょう。

まさに「面白くて眠れなくなる数学」との出会いです。

数学者たちがそうなのです。夜も眠らず、さらには自分の一生だけでは足りずに、数式というバトンを後世の数学者に渡してまで探検を続けていきました。

## 数学は旅
### イコールというレールを数式という列車が走る

私の数学のイメージです。数たちはずっと待ち続けてくれています。数学者は長い時間をかけて彼らにたどり着きます。

計算は列車の旅そのものに思えます。イコール＝はまさに二本線のレールであり、数や数式がレールで結ばれていくのです。そのレールは敷かれた後は誰もが通ることができて、決して朽ちることがない永遠の生命を持っています。

選りすぐりの数学の風景がこの本にはちりばめられています。私は列車の旅が好きです。窓から流れ込む風を感じながら眺める風景が大好きなのです。計算の旅の旅支度は数を大切に思う心さえあればいいのです。それさえあれば、いつどこにいてもサイエンスナビゲーターの私がみなさんを数学の旅にお連れいたします。

この旅の終わり、いったいみなさんの心に映る数学の風景はどんなものなのでしょうか。まさに行き先が告げられていないミステリー列車の旅のはじまりです。安全に快適に堪能していただけるようナビゲートしていきたいと思います。

面白くて眠れなくなる数学　目次



Part I

# 面白くて眠れなくなる数学

Part Ⅱ

# 暮らしは数学で満ちている

Part Ⅲ

# ロマンティックな数学

本文デザイン&イラスト　宇田川由美子

# Part I

# 面白くて眠れなくなる数学

# 美しい文字のはなし

## 授業で教えてくれないこと

数学は言葉です。

学生のノートを眺めていて、いつも気が付くことがあります。

それは、数式で使われるギリシャ文字「β（ベータ）」を正しく書けない学生がとても多い、ということです。学生は「β」を書くつもりで、漢字の「こざとへん」や「おおざと」を書いてしまっているのです。

つまり、「阿部」君は二度間違ったベータを書いていることになります。毎年この「阿部」君に表れるベータを書く学生を見つけては、その間違いを指摘し続けています。いつの頃からか、この間違ったベータを「阿部君ベータ」、略して「アベータ」と呼ぶようになりました。

学校では、どのように指導するのでしょうか。ギリシャ文字が登場する高校数学

◆数式でよく使われるギリシャ文字

$\alpha$
アルファ

$\beta$
ベータ

$\gamma$
ガンマ

$\theta$
シータ

$\pi$
パイ

$\omega$
オメガ

$\Sigma$
シグマ

あなたは全部読めましたか?

で「ギリシャ文字の綴り方を解説する」という話を聞いたことがありません。私自身もこれまで学校で、数学の文字についての講義を受けたことがありません。

## 読めそうで読めないギリシャ文字

大学受験に登場するギリシャ文字は、数学では「$\alpha$」「$\beta$」「$\gamma$」「$\theta$」「$\pi$」「$\omega$」「$\Sigma$」などです。

ギリシャ文字は大文字・小文字あわせて全四八文字ありますが、その七分の一ほどが登場することになります。それまで習ったことのないギリシャ文字が数学の教科書に登場するのに何の説明もされないので、学生は板書をノートに写す際、どう書いたらよいのか戸惑いながら、見よう見まねでギリシャ文字を書くしかありません。こうして、「アベータ」が生まれていくのです。

それならばと、機会を見つけては、ギリシャ文字をはじめ数学特有の文字についてレクチャーをするようになりました。

文字を書くことは学問の入り口です。文字を書く作業を通して新しい世界に入っていくのです。数学は、特に多くの文字を使う学問です。ローマ字、ギリシャ文字、アラビア数字、ローマ数字。それらは、大文字になり、小文字になり、斜体になり、太字体になり……。

それでも足りずにヘブライ文字まで登場します。加えて、各種数学記号と日本語。いったい数学にはどれだけの文字や記号が必要なのでしょう。

## リンゴやミカンが「x」になる不思議

数学は概念や対象を抽象化します。リンゴやミカンの個数を「x」などと表して「$x + y = z$」等の方程式を考えるのです。方程式を解くときには、リンゴもミカンも忘れて、文字や記号を操作していきます。すなわち、これが計算です。

計算の世界では文字や記号が主役です。計算する者は、文字や記号を通して見えない世界とコミュニケーションします。見えない世界とは、文字や記号が表す概念であり、その概念どうしの関係性のことです。

ピタゴラスの定理「$a^2 + b^2 = c^2$」は、幾何学の世界（直角三角形）の辺の長さの関係を表します。代数の世界と幾何の世界を橋渡しする公式なのです。

大学生のとき数論で「ゼータ（ζ）関数」に出会いました。授業中に一生懸命計算しますが、どうも気分がのりません。ζがうまく書けないのです。放課後の誰もいない教室の黒板に大きく「ζ」を書いてみました。

何度も書いているうちに、だんだんと上手に、なめらかに「ζ」が書けるようになりました。「ζ」を書くのが気持ちよくなると、面倒な計算も気分がのり、楽しくなりました。

## 美しい数学には美しい文字がよく似合う

そのとき、文字を上手に書くことの重要性を実感しました。「書く喜び」に出会いました。同時に、もう一つ気が付いたことがあります。

「美しい数学には美しい文字がよく似合う」ということです。ギリシャ文字にはなんともいえない曲線の美しさがあります。

ローマ字、ギリシャ文字は字画が少ないので書きやすいのです。ギリシャ文字の小文字の多くは、たった一画で書くことができます。曲線美と機能美という二つの美しさを併せ持った文字を、数学者は好んで使ってきたのでしょう。

また、数学には他の学問にない大きな特徴があります。それは、時代を超えた

◆正しい筆順で書いてみよう！

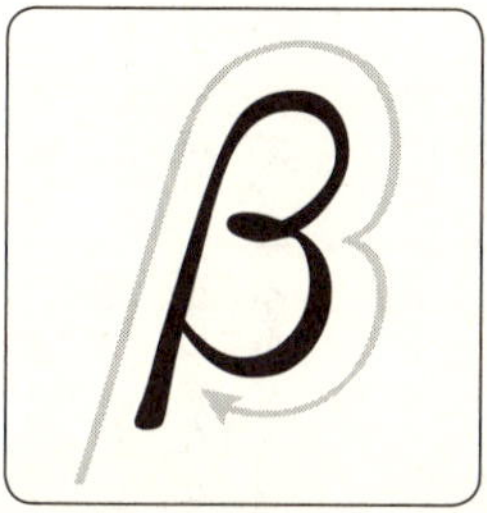

矢印を参考に文字をなぞってみよう

普遍性です。「ピタゴラスの定理」は今から二千五百年前に証明されましたが、二千五百年経った現在も古びることはありません。

それどころか、「ピタゴラスの定理」の上に、多くの定理がつくられてきました。ギリシャ文字は、ピタゴラスも使った文字。私たちはギリシャ文字を通して、ピタゴラスに出会っているのです。これも「書く喜び」の発見ですね。

## ギリシャ文字でも筆順が大事

日本人は小さい頃から書道を通して、日本語を書く喜びと文字の美しさを知ります。そして、なぜ筆順が大事なのかを理解していきます。

日本語と同様に、ギリシャ文字も筆順を守ると美しい形になります。例えば、「$\beta$」は左下から上に一筆書きで書くと、とても優美な姿になります。学生にギリシャ文字の綴り方を教えながら言います。

「心をこめて文字を書きなさい。心をこめて計算しなさい。願わくば美しい文字で」と。

文字を大切にする心は、言葉を自らのものにする第一歩です。数学も言葉であるならば文字を大切にすべきではないでしょうか。

### ◆ギリシャ文字の一覧

| 大文字 | 小文字 | 読み方（日本語） | 英語のつづり |
|---|---|---|---|
| Α | α | アルファ | alpha |
| Β | β | ベータ | beta |
| Γ | γ | ガンマ | gamma |
| Δ | δ | デルタ | delta |
| Ε | ε | イプシロン | epsilon |
| Ζ | ζ | ゼータ | zeta |
| Η | η | イータ | eta |
| Θ | θ | シータ | theta |
| Ι | ι | イオタ | iota |
| Κ | κ | カッパ | kappa |
| Λ | λ | ラムダ | lambda |
| Μ | μ | ミュー | mu |
| Ν | ν | ニュー | nu |
| Ξ | ξ | クシー | xi |
| Ο | ο | オミクロン | omicron |
| Π | π | パイ | pi |
| Ρ | ρ | ロー | rho |
| Σ | σ | シグマ | sigma |
| Τ | τ | タウ | tau |
| Υ | υ | ウプシロン | upsilon |
| Φ | φ | ファイ | phi |
| Χ | χ | カイ | chi |
| Ψ | ψ | プサイ | psi |
| Ω | ω | オメガ | omega |

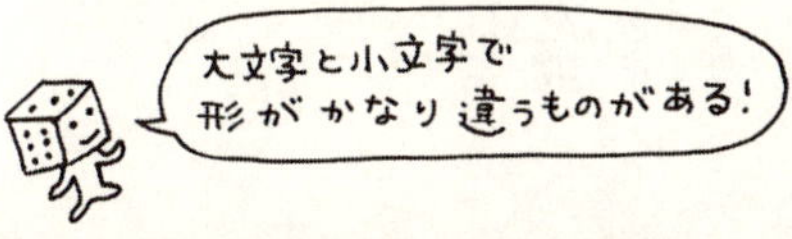

大文字と小文字で
形がかなり違うものがある！

# 読めそうで読めない数式

## この数式が読めますか？

みなさんは、数式をスラスラと読めますか？

私自身、読み方を知らない数式に出会い、戸惑うことが何度もありました。日本語による数式の発音は、あまりにも不備が多いのです。そのことが、多くの人を数学から遠ざける原因のひとつになっています。具体例とともに問題点をみていきましょう。

**【問題だらけの数式の読み方①】**

▼数式　「x＋y＝z」
▼日本の一般的な読み方　「エックス、プラス、ワイ、イコール、ゼット」
▼英語の読み方　「**x plus y equals z.**」

日本語として意味をわかりやすく発音するなら「エックス、たす、ワイ、は、ゼット」ですね。英語では、「エックス、プラス、ワイ、イコールズ、ゼット」となりますが、日本の数学の教科書は、数式の読み方を指導することがないので、教師の独断に委ねられているのが実態です。

次はもっと簡単な例です。

**【問題だらけの数式の読み方②】**

▼数式　「**a＝b**」

▼日本の一般的な読み方　「**エー、イコール、ビー**」

▼英語の読み方　「**a equals b.**」「**a is equal to b.**」

英語の二番目の読みに注目してください。主語である「a」が、「b」と等しいという関係性を「to」が示しています。左辺（「a」）と右辺（「b」）の違いが、はっきりと表されています。日本の読み方では、その関係性があいまいになっていますね。

**【問題だらけの数式の読み方③】**

▼数式　「$y' = \frac{dy}{dx}$」

▼日本の一般的な読み方　「ワイダッシュ、イコール、ディーエックス、ぶんの、ディーワイ」

▼英語の読み方　「y prime equals dy dx.」

日本の読み方は、イコールの発音以外に間違いがあります。「'」を「ダッシュ」と読むのは適切ではありません。多くの国々では「prime（プライム）」と読まれています。ダッシュは、日本でもそう読まれるように、国際的には記号「—」が常識です。「"」は「ツーダッシュ」ではなく「double prime（ダブル　プライム）」です。

日本では、微分の数式を「分数の読み方」にするから混乱が起きてしまいます。

**【問題だらけの数式の読み方④】**

▼数式「$_nC_r$」
▼日本の一般的な読み方「**エヌ、シー、アール**」
▼英語の読み方「**the combinations of n taken r**」「**the combinations n r**」

これは、組み合わせを表す式ですが、日本の読み方は中途半端です。「C」が何を示しているのか伝わりません。英語では「C」が「combination」(組み合わせ)の略であることが、はっきりとわかります。どうして日本では略してしまうのでしょうか。

このことからも「非日本語」の記号の発音のルールが、定められていないことがわかります。英語と日本語をごちゃ混ぜにして、不正確に読んでしまっているのです。

**【問題だらけの数式の読み方⑤】**

▼数式　「$A_k$」

▼日本の一般的な読み方　「**エー、ケー**」

▼英語の読み方　「**Capital A sub k**」

日本の読み方「エー、ケー」はあまりにも不正確です。添え字「k」がそのまま読まれています。音を聞くと、「ak」「AK」「A(k)」「$a_k$」「$A_k$」と対応する様々な日本語が思い浮かびます。これでは混乱の原因になりますね。英語読みは書き方に正確に一致しています。

**【問題だらけの数式の読み方⑥】**

▼数式　「a＞b」

▼日本の一般的な読み方　「**エー、大なり、ビー**」「**エーはビーよりも大きい**」

▼英語の読み方　「**a is greater than b.**」

授業でもっとも学生が読めない数文です。「大なり」という日本語もイマイチです。次の例に至ってはいかに数文の読み方を習っていないかを示すいい例です。

**【問題だらけの数式の読み方⑦】**
▼数式　「a ≦ b」
▼日本の一般的な読み方　「**エー、小なり、イコール、b**」
▼英語の読み方　「**a is less than or equal to b.**」

これこそ英語読みの良さがわかります。

「less than」は、記号「≦」の「＜」が「less than→よりも少ない」という意味を持ち、「equal」は、記号「≦」の「＝」が「equal→等しい」という意味を持っていること、つまり「aはbと等しいか、あるいは少ない」という関係性を示した記号であることを教えてくれます。

「≦」が「＜または＝」であることを、指摘されてはじめて理解する高校生が多かったのは、読み方に問題があったからかもしれません。

**【問題だらけの数式の読み方⑧】**

▼数式
「a ∈ A」

▼日本の一般的な読み方
「エーはエーの元(要素)である」「エーは集合エーに属す」

▼英語の読み方
「The element a is a member of the set A.」
「a is an element of the set A.」
「a is a member of A.」
「a is in A.」

この数式をすんなりと読めた学生に、これまで一度も出会ったことがありません。数式を読ませると、ほぼ全員がフリーズします。この四つの英文を読んでもらえるとわかりますが、数文「a ∈ A」が何を意味しているのかが、英語ではわかりやすく示されています。「a is in A.」など、とても簡単な表現です。

ご覧のように、日本でも中学程度の英単語と文法の知識があれば、数式を英語で読むことは難しくありません。

**【問題だらけの数式の読み方⑨】**

▼数式　「$f(x)$」
▼日本の一般的な読み方　「**エフ、エックス**」
▼英語の読み方　「**f of x**」

日本語では「x の関数 f」といいますが、英語では「a function f of x」と読みます。

また、もう一つ大切なのは「語源」です。例えば、虚数「i」は「imaginary number」の「i」、「tan x」は、「タンジェント」と読みますが、つづりは「tangent」、意味は「接線」であることを知らない日本の学生が多いのです。

数学の言葉の多くは、英単語の頭文字を使っています。ですから、英単語のつづりと読み方をセットで覚えれば、数式の意味が自然とわかるようになるはずです。

## 声に出して読みたい数式

以上、いかがでしょうか。例を挙げればきりがありません。今こそ、正確さを欠いた「日本語による数式の読み方」を改めて、思いきって数学の中に英語を取り入れるべきです。

日本語を土台に数学を教えるのか。

英語を土台に数学を教えるのか。

それが問われています。

中途半端な日本語発音をするよりは、中学生から数式を英語発音すべきではないでしょうか。けっして誤解してほしくないのですが、「英語学習のために数学を使う」ことが目的ではありません。あくまでも数学の理解を深めるために英語読みを徹底すべきというのが、私の主張です。

現在、教科書の数式は「絵」として扱われています。それが、「絵だから読めなくていい」という発想につながっていると思われます。そうではなくて、数式を文章として、読み物として扱うという視点の転換が必要だということです。

「読めること」は「わかること」につながっていきます。

難しい日本語でも、幼いときに声に出して読んだように、数式も、数学読本のようなものをつくって大きな声で読ませるのです。中身はわからなくてもいい。スラスラ読めるまで練習するのです。

スラスラ読めるようになると、「数学は言葉」であることがわかり、苦手意識がなくなります。また、その達成感が、数学を好きになるステップとなります。

# 数学者のロマンティックな名言

## 数学は理系だけのもの？

「読み書きそろばん」は、社会人にとって必要なリテラシーとされています。周知のとおり「読み書き」は国語の能力を、「そろばん」は算数の能力を表しています。数学は理系。これに異を唱える人は少ないでしょう。

日本の教育では、算数・数学の本質は計算にあるとして、徹底的に計算――技術としての計算――をトレーニングさせます。ひたすら計算をくり返すことで「算数・数学嫌い」は増加しました。数学が苦手だから、理系学部をあきらめて、文系学部を志望するという話もよく聞きます。

また、大学における数学の位置づけは「ものづくり」の工学系学問を支えるために存在しているかのようです。

そのため、「ものづくり」に関係ない文系の人には、「数学は必要ない」と考えられるようになったのでしょう。

はたして、それでいいのでしょうか。

「読み書きそろばん」という言葉が持つ本来の意味は、「国語＝日本語を理解することと同じくらい、算数・数学を理解することが大切である」ということだったのではないでしょうか。

## 数学者は美を表現する

数学は、人類がつくりだした最強の言語といえます。自然の美や、宇宙の調和さえも表現できる言語が数学です。数学という言葉で、この宇宙を理解することに私は感動をおぼえます。

芭蕉は俳句の「五・七・五」で自然の美を絶妙に表現しました。俳句は表現すること自体に目的と喜びがあります。数学も同じです。

私が好きな数学への言葉をいくつか紹介してみたいと思います。

数学を知らない者には、本当の深い自然の美しさをとらえることはむずかしい。

ファインマン

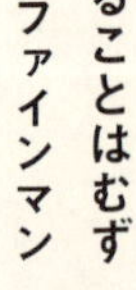

現代数学とは未来の言語である。

ヴァン・フット

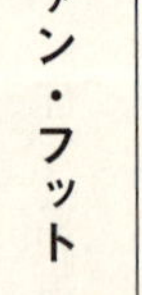

われわれの真の天職は詩人なのだ。ただ、自由につくりだしたものをあとで厳密に証明しなければならない。それがわれわれの宿命なのだ。

クロネッカー

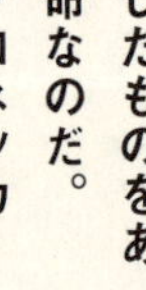

もしも数学に美がなかったなら、おそらく数学そのものも生まれなかったことだろう。人類の最大の天才たちをこの難解な学問に引きつけるのに、美のほかにどんな力があり得ようか。

チャイコフスキー

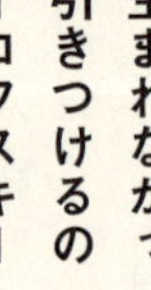

数学について公平に考えれば、それは真実性にのみ位置づけられるものではない。なかでも美――冷たく厳しい美、それは骸骨のようにわれわれ自身の生来の弱さには何も訴えるものではなく、絵画や音楽のような着飾ったところもない。しかし崇高なる純粋さ、そして厳格なる完全性を実現した唯一の芸術である。

バートランド・ラッセル

数学は、われわれの感覚の不完全さを補うため、またわれわれの生命の短さを補うために呼び起こされた、人間精神の力であるように思われる。

フーリエ

数学は、人間精神の栄光のためにある。

ヤコビ

いかがでしょうか。

芸術としての数学の姿が、見事に表現されています。数学をすること自体に喜びがあり、目的があるということです。

## 日本人は独自の数学「和算」を愛した

かつての日本人は「数学の喜び」を知っていました。江戸時代、鎖国下の日本には「和算」という日本独自の数学がありました。西洋数学とはまったく違う道筋をたどり、世界最先端のレベルに発展した日本独自の数学です。

和算家関孝和（一六四〇頃〜一七〇八）は、ニュートンやライプニッツとほぼ同時期に活躍し、独創的な解法を次々と生みだしました。また、寺小屋の教科書として普及した驚異の数学書『塵劫記』（吉田光由著）は、人気作家の井原西鶴や十返舎一九の作品を遥かに凌ぐベストセラーとなりました。

当時は、問題が解けると解答を「算額」と呼ばれる絵馬にして神社仏閣に奉納するようになりました。「算額奉納」という風習です。

江戸時代に花開いた日本独自の数学、和算。明治時代、和算は輸入された西洋の数学にその座をゆずりますが、関孝和をはじめとする和算家の土台があってはじめて、西洋の数学もまた広く普及していくことができたのです。

朝永振一郎（ともながしんいちろう）、ジュリアン・S・シュウィンガー、リチャード・P・ファインマンの量子電磁力学のくりこみ理論を数学的に仕上げたことで有名な理論物理学者フリーマン・ダイソンは、和算の独創性と豊かさについて「西洋の影響から切り離されていた時代、和算愛好家たちは、芸術と幾何学の結婚ともいうべき『算額』を創りだした。世界に類のないことだ」と語っています。

今私は和算に強い関心を持っています。

和算の魅力を伝え、現代日本でも和算をつくりだすことができないものかと夢見ています。江戸時代の「読み書きそろばん」の原点に戻ることができないものか、模索しています。

# おならの匂いは半分でもやっぱり臭い？

## 嫌な匂いを減らしても……

私たちは、感覚をたよりに日々生活しています。五感といえば、視覚、聴覚、味覚、嗅覚、触覚です。実はこの感覚の中には、法則があるのです。例えば「匂い」の場合を考えてみましょう。

閉め切った部屋の嫌な匂いや、おならの匂いを消臭剤や空気清浄機で半分まで減らしたとします。ところが私たちは「あぁ、半分の匂いになった」とは感じません。

「ほとんど変わっていない」「やっぱり匂う」と感じます。実は「半分になった」と感じるためには、匂いの九〇％を除去しなければならないのです。

「音」もそうです。私たちは虫の音（ね）とコンサートの大音量を同じように聞く（感じる）ことができます。これはよく考えると面白いことです。

◆フェヒナーは人間の感覚を数式化した！

**ウェーバー＝フェヒナーの法則**

**$R$を感覚の強さ、$S$を刺激の強さとすると、**

$$R = k \log \frac{S}{S_0}$$

$S_0$は感覚の強さが0になる刺激の強さ（閾値）
$k$は刺激固有の定数（感覚ごとに異なる値）

もし人間が、音量の絶対値を感じとることができるとすると、虫の音は小さい音量なので感じ方も小さく、コンサートの大音量であれば感じ方も大きいことになります。でもそうではありません。

私たちは、小さい音も大きい音も同じように感じることができます。音の大小にかかわらず感じ方（感覚）は同じなのです。

一〇のエネルギーを持つ音があるとき、何倍にすれば人間は音の大きさ（感覚）が倍になったと感じるでしょうか。

普通に考えると「倍だから、エネルギー量は二〇では？」と考えるでしょう。けれど人間の耳はそんなに鋭くありません。「二倍になった」と感じさせるには、実際には一〇倍の音の大きさにしなくてはなりません。「一〇」の音が「一〇〇」になって、ようやく「二倍」と感じます。

四倍になったと感じさせるためには、「10×10」で、実に一〇〇倍のエネルギーが必要になります。

## 人間の感覚は定量化できる

言ってみれば、人間の感覚は足し算でなく、かけ算で感じていることがわかったのです。これが一八六〇年の「ウェーバー＝フェヒナーの法則」です。

「感覚の強さRは刺激の強さSの対数に比例する」。これは「精神物理学」といわれる学問の発端となった発表でした。

「精神物理学」は、心理学者ウェーバーが「心理学の世界を定量化できないか？」と考えたことからはじまりました。人の感覚というのは、とても主観的なものです。

しかし何もかも「主観だ」と言っていては学問になりません。それでは芸術の世界になってしまいます。心理学者ウェーバーは、こうした目に見えない人の気持ちや感覚を定量化するために様々な研究を一八四〇年代に行いました。

そして一八六〇年に、物理学者フェヒナーが数式化に成功したのです。心理学発祥でありながら、「精神物理学」の法則といわれるゆえんでもあります。

つまり、私たち人間の感覚は、けっしていい加減なものではなく、定量化できるということです。

激しく変化する環境、つまり刺激を「ウェーバー＝フェヒナーの法則」によって実にうまく、そして正確に感じとっているのです。

# 因数分解でセキュリティ

## 「0と1」が安全を守る

中学、高校の数学で習った因数分解を思い出してください。

「こんな面倒な計算をして何の役に立つのかな？」と思った方もいるのではないでしょうか。実は、この〝面倒な〟計算が私たちの安全を守ってくれています。

因数分解は、ネットセキュリティの暗号技術で使われているのです。昔から様々な試行錯誤をくり返して発達してきた暗号技術は、現代において数学の力を借りることで実現されています。

インターネットはコンピュータどうしを電線で繋(つな)ぐことで実現するシステムです。その電線の中を様々な情報が流れますが、その正体は電気信号です。それも電気の「オン・オフ」だけの情報です。これをわかりやすく表現するために〝数〟である「0と1」を使うわけです。

## ◆因数分解でセキュリティ

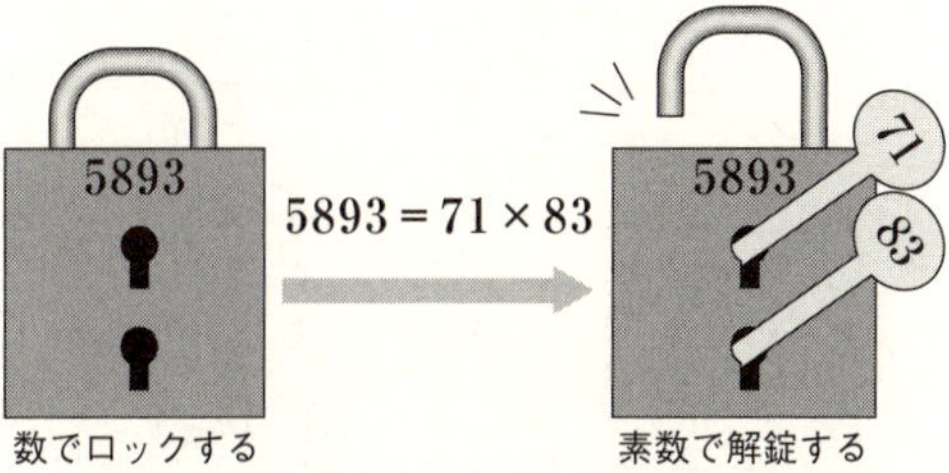


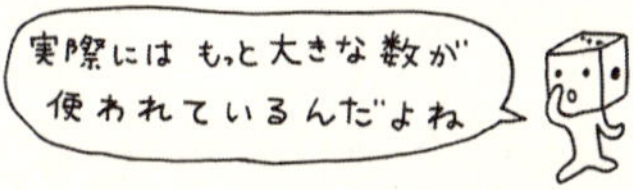

実際には もっと大きな数が
使われているんだよね


文字、音楽、映像の情報はすべて「0と1」という数に変換されることで実現するのが、コンピュータネットワークの世界です。インターネットにおける情報の安全とはすなわち〝数の安全〟にほかなりません。ここで数学の出番となるわけです。

公開鍵暗号システムと呼ばれる暗号システムがあります。このシステムの最大のポイントは「因数分解の困難性」です。数の因数分解を「素因数分解」といいます。1とそれ自身しか約数を持たない自然数が素数です。

2、3、5、7、11、……。素数は

無限にあります。12を素因数分解すれば「2×2×3」とすぐにわかりますが、5893の素因数分解はすぐにはできませんが計算すれば、答えは「71×83」とわかります。

「71×83」の計算は簡単ですが、その逆となる素因数分解の計算は簡単にできません。これはコンピュータを使っても容易なことではなく、大きな数になれば、素因数分解には天文学的な時間が必要となります。

## 暗号ができるしくみ

公開鍵暗号システムを簡単に説明するとつぎのようになります。情報を相手に送ってもらう際に「5893」のような大きな数（二つの素数の積）を使って暗号化して情報を送ってほしいと依頼します。この数を「公開鍵」といいます。

相手はその公開鍵である「5893」を使って原文（数）を暗号化します。この暗号文（数）を依頼主に送ります。暗号文（数）を受け取った依頼主は、「5893」を素因数分解した「71」と「83」の二つの素数を知っていますから、これを用いて暗号文を原文に戻すこと（復号化）ができるのです。

このやり取りは、インターネットを通すと不特定多数の人に見られる可能性はありますが、公開鍵である「5893」の素因数分解は容易にできないので解読は困難になるのです。

もちろん実際には「5893」よりもはるかに大きな数を公開鍵に使用することで安全性はさらに高いものになっています。素因数分解は〝面倒〟だからこそ、セキュリティとして役に立つのですね。インターネットブラウザーに「鍵印」が現れることがありますが、これは暗号通信を行っていることを示すマークです。

人類の歴史を振り返ると、紀元前十九世紀頃より暗号は使われていたそうです。それ以来、暗号はつくってては破られることをくり返してきました。

素因数分解による暗号は優れたシステムですが、劇的な素因数分解の解法が発見されれば公開鍵暗号システムは破綻(はたん)します。でも心配はいりません。そのときはまた新たな暗号が登場することでしょう。これからも私たちの安全は数学に支えられ続けていくのです。

# クレジットカードの会員番号のひみつ

## 会員番号には法則がある

クレジットカードの会員番号は普通一六桁です。インターネットで買い物をするとき、便利を感じる一方で心配もあります。

気がかりなのは、この一六桁の番号を誤って入力してしまったときのことです。うっかり別の番号を入力してしまった場合、誰か別の人が買い物をしたことになってしまうのでしょうか？

もちろん一六桁のすべての数をいじってしまえば、別の人の番号になる可能性はありますが、ここでは会員番号を一つミス入力してしまった場合を問題にしたいと思います。

実は、ある仕掛けによりクレジットカード番号は決められているのです。

みなさんに与えられている会員番号はまったくのランダムに考えられたものでは

### ◆会員番号の裏にあるLuhnのアルゴリズム

**3491の場合**

**ステップ1**

一の位から数えて奇数番目の数はそのままにして、偶数番目の数を2倍にします。

3と9を取り出す

3→6

9→18

**ステップ2**

2倍にした偶数番目の数が10以上の場合は、その各桁を足した数（1桁）に置き換えます。

18は10以上なので

18→1＋8＝9

**ステップ3**

このようにして得られたすべての桁の数を足します。

すべての数を足す

6＋4＋9＋1

＝20

**ステップ4**

その合計が10で割り切れれば「正当な番号」。そうでなければ「不当な番号」と判定されます。

20は10で

割り切れるので

**正当な番号！**

ありません。ある手続きのもとに生成された「正当な番号」なのです。
そのため、入力された番号が「正当な番号」かどうかの判定を行うことができるのです。それが「Luhn（ルーン）のアルゴリズム」と呼ばれる判定方法です。

## 会員番号をミス入力すると……？

具体的に計算してこの手順を追ってみましょう。一六桁では大変なので、簡単に会員番号を四桁だとしてみます。例えば、会員番号「3491」が入力された場合、一の位から数えて偶数番目の9と3がそれぞれ二倍されて18と6となります。18は10以上なので「1＋8＝9」に置き換えます。すると、すべての桁の合計は、「6＋4＋9＋1＝20」となり、これは10で割り切れるので「正当な番号」と判定されるのです。

ここでもし、四桁のうちどれか一桁の数がミス入力されたとします。例えば、「3481」ではどうなるでしょうか。「6＋4＋7＋1＝18」となって10で割り切れなくなります。つまり「不当な番号」と判定されます。どの桁でミス入力されたとしても、このような手続きで「不当な番号」と判定されるのです。

◆正当な番号を判定するための一桁の変換

| | |
|---|---|
| 0 × 2 → 0 | 5 × 2 → 10 → 1 + 0 → 1 |
| 1 × 2 → 2 | 6 × 2 → 12 → 1 + 2 → 3 |
| 2 × 2 → 4 | 7 × 2 → 14 → 1 + 4 → 5 |
| 3 × 2 → 6 | 8 × 2 → 16 → 1 + 6 → 7 |
| 4 × 2 → 8 | 9 × 2 → 18 → 1 + 8 → 9 |

入力ミスが検出できるのは、ステップ1とステップ2で行われる偶数番目の数の一桁の数への変換が上の図のようになっているからです。

「0から9まで」の一〇個の数は、それぞれ異なる一〇個の数に変換されています。

その結果、入力を誤るとステップ3の合計の値がずれてしまうことになり、ステップ4で「不当な番号」と判定されるのです。

このようにカード番号は、絶妙のしくみで割り当てられ、チェック機能が働いているので、私たちは安心して買い物ができるのです。

# おつりを簡単に計算するテクニック

## 計算方法を工夫する楽しみ

みなさんは買い物をしておつりを手渡されたとき、金額が正しいかどうか確認しますか? おつりの計算なんかしないという方が多いでしょう。だって、引き算は面倒ですから。でも、ちょっとの工夫次第で計算が簡単にできるようになります。

コツは引き算をしないことです。

「足して9」の呪文を唱えてみましょう。「足して9」の呪文とは、一の位以外は「足して9」になる数を、一の位だけは「足して10」になる数を探すことです。

「1000-342」の場合、百の位の3に対して「足して9」になる数6、つぎに十の位の4に対して「足して9」になる数5、そして一の位の2に対して「足して10」になる数8。三つの数を並べると「658」となります。これが答え、つまりおつりは「658円」ということです。

◆足して9の呪文を唱える

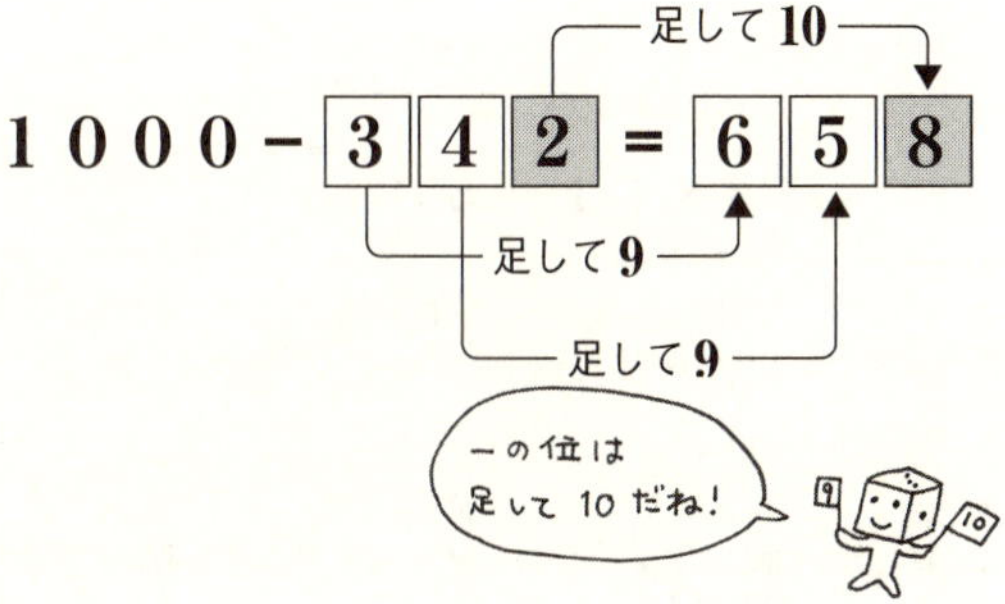


「1000－342」を「999－342＋1」としただけのことです。一の位には最後の1を足すので「足して10」となるわけです。繰り下がりがありませんし、答えを百の位からだすことができます。

これなら、レジでおつりの計算はあっという間にできるはずです。

**【スーパー計算法①　11のかけ算】**

**例題・53×11**

ステップ1：53×11＝5□3というように5と3をずらして間にすきまをつくります。

ステップ2：この□に5＋3＝8を入れます。

つまり、答えは583となります。

## ◆スーパー計算法①　11のかけ算

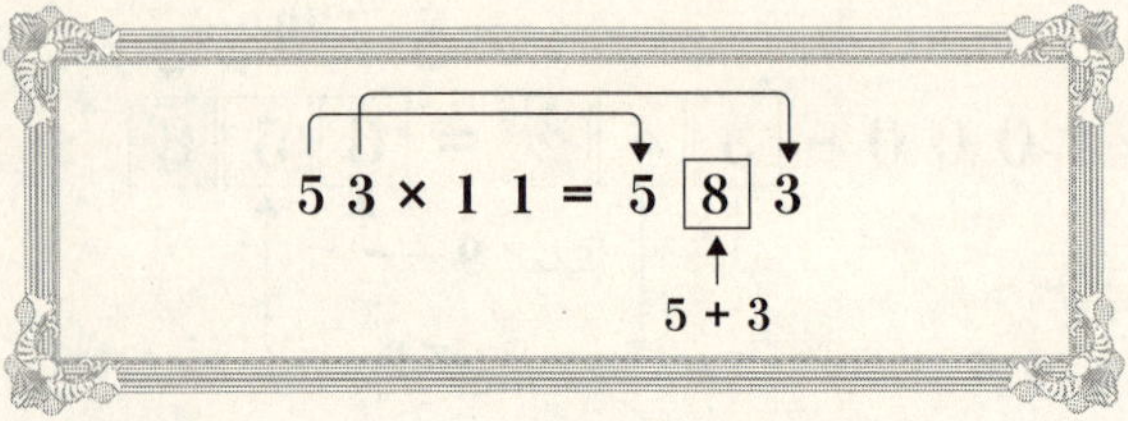


## 【スーパー計算法②　11～19どうしのかけ算】

**例題・14×12**

ステップ1：答えの上二桁を14＋2（12の一の位）＝16とします。

ステップ2：答えの下一桁を一の位どうしの4×2＝8とします。

つまり、答えは168となります。

## 【スーパー計算法③　100に近い数どうしのかけ算】

**例題・98×97**

ステップ1：100との差を覚えておきます。98、97はそれぞれ2と3です。

ステップ2：答えの上二桁は100－（2＋3）＝95とします。

◆スーパー計算法②　11〜19どうしのかけ算

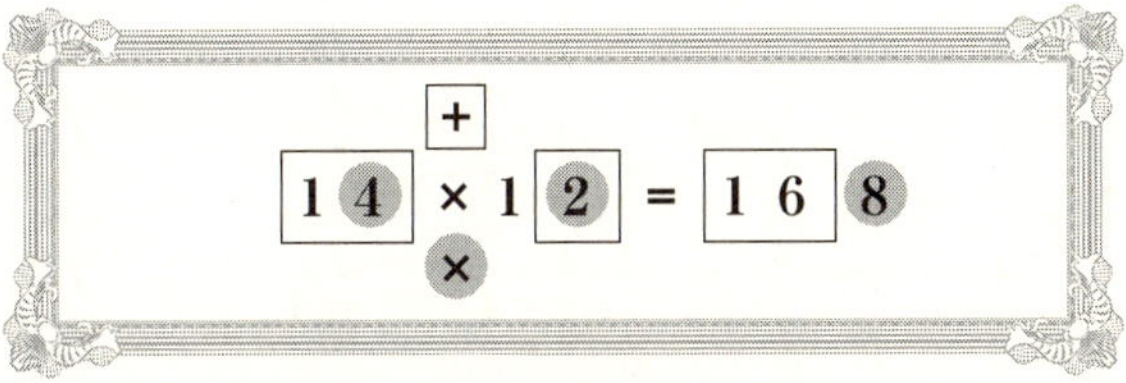

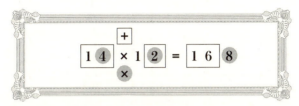

◆スーパー計算法③　100に近い数どうしのかけ算

$$98\times97=(100-2)\times(100-3)$$

$$=\underset{\substack{\uparrow\\ 100-(2+3)}}{\boxed{95}}\ \underset{\substack{\uparrow\\ 2\times3}}{\boxed{06}}$$

ステップ３：答えの下二桁は２×３＝６より０６とします。つまり、答えは９５０６となります。

いかがでしょうか。

筆算しなくても頭の中だけで横一直線上に右から左に答えが出てきます。かけ算といえば、学校で習う縦書きにして筆算をする方法がありますが、いちいち書かなくてはいけないので面倒です。

小さな工夫が計算の気軽さを生みだしてくれるところが大きなポイントです。まずはおつりの計算で実感してみましょう。

# 11はパズルみたいにふしぎ

## 1がたくさん並ぶ数

「1」「11」「111」のように1が並ぶ自然数を「レピュニット数」と呼びます。なんだか不思議な数ですね。このレピュニット数を二乗してみましょう。

「1×1＝1」「11×11＝121」「111×111＝12321」「1111×1111＝1234321」。

あれ、何か気付きませんか？

そう、答えの数字は、まるでピラミッドのように順に1からその桁の数まで大きくなると、今度はそこから1まで小さくなるのです。

となると、「11111×11111」の結果も予測できそうですね。左の図を見る前に電卓で確認してみてください。

一〇桁を超えると繰り上がりが生じるので、この法則から外れてしまいますが、

### ◆11は面白い計算がたくさん

$$1 \times 1 = \mathbf{1}$$

$$11 \times 11 = 1\mathbf{2}1$$

$$111 \times 111 = 12\mathbf{3}21$$

$$1111 \times 1111 = 123\mathbf{4}321$$

$$11111 \times 11111 = 1234\mathbf{5}4321$$

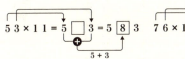

53×11＝5□3＝5[8]3（5＋3）

76×11＝7□6＝8[3]6（7＋6＝13で1繰り上がる）

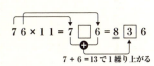

九桁までのレピュニット数の二乗は「123……n……321」となります。

このように数の世界には桁数が大きくても、一定のルールに基づいて一瞬で計算できてしまう面白い組み合わせが存在します。

## 面白い法則エトセトラ

ところでレピュニット数には、ほかにも面白い法則があります。五一ページに登場した「53×11＝583」は、十の位の「5」と一の位の「3」の和「8」をまん中に入れれば答えになりました。

それでは、「76」のように十の位と一の位の和が「10」以上になる数なら、どうなると思いますか？ まずは自分で試してみてください。

# 幻のノーベル賞

## ノーベル賞に数学賞がない理由

ノーベル賞には数学賞がありません。ノーベル賞の生みの親はアルフレッド・ノーベル（Alfred Nobel）ですが、数学賞を創設するには、スウェーデン数学界の重鎮レフラーに相談する必要がありました。しかし、ノーベルとレフラーは仲が悪かったそうです。それが、ノーベルが数学賞を設けなかった理由とされています。

一方、フィールズというカナダ出身の数学者は、ヨーロッパに留学中レフラーに出会って深い交友関係を持ちました。その縁でフィールズは数学への熱い思いを呼び起こし、国際数学賞創設の夢を抱くようになります。

## 数学界最高の栄誉「フィールズ賞」

その夢は、後に彼を襲った病が阻みます。ところが、一九三二年の国際数学者会

## ◆フィールズの思いは数学を発展させる

**フィールズ賞メダル**

肖像はアルキメデス

**フィールズ賞の制限**

- 4年に1度
- 40歳以下
- 4人まで

**日本人の受賞者は3人！**

**小平邦彦**（1915～1997）
**1954年受賞「調和積分論」**

**広中平祐**（1931～）
**1970年受賞「代数多様体の特異点解消理論」**

**森重文**（1951～）
**1990年受賞「3次元極小モデルの存在」**

J.C. フィールズ
（1863～1932）

議で彼の友人たちが行動を起こしました。その結果として生まれたのが国際数学賞「フィールズ賞」です。悲しいことに、この決定の直前にフィールズは亡くなっています。彼はまさか自分の名前が数学賞に冠せられるとは思ってもみなかったことでしょう。

　皮肉なことですが、フィールズ賞が創設されたのは、ノーベルが数学賞をつくらなかったおかげともいえます。「四年に一度、四十歳以下、四人までの受賞」という、ノーベル賞以上に厳しい条件のあるフィールズ賞。二〇一四年までに五七人が受賞しており、うち日本人は小平邦彦、広中平祐、森重文の三人です。

フィールズの願いは、数学を発展させる大きな原動力となって現代に生き続けています。

# 問題が問題を生む世界

## 証明されるのを待つ難問たち

どんな地図でも四色あれば塗り分けられる――。十九世紀中頃に発見された有名な「四色問題」。百年の歳月を経てようやく一九七六年に証明されました。それにはコンピュータという新しい道具が必要でした。

「三乗数を二つの三乗数に分けることはできない。私は真に驚くべき証明を発見したが、余白が狭すぎて書けない」――。そんな謎めいた一文を残した十七世紀の数学者フェルマー。

この「フェルマーの最終定理」の証明には、なんと三百六十年も要しています。一九九四年、イギリスの数学者ワイルズが「谷山・志村予想」を岩澤理論を使って証明。つまり、日本人の業績を介して難問を乗り越えたのでした。

問題そのものは沈黙しています。しかし、それを見る者には静かに語りかけてく

## ◆数学界の難問たち

**4色問題**

平面上のどんな地図でも
4色で塗り分けられる

（19世紀中頃発見→1976年解決！）

**ゴールドバッハ予想**

2より大きいすべての偶数は
2個の素数の和である

（1742年発見→未解決！）

**フェルマーの最終定理**

自然数nが3以上のとき
$x^n + y^n = z^n$
を満たす自然数x, y, zは存在しない

（1630年代発見→1994年解決！）

**リーマン予想**

ゼータ関数$\zeta(s)$の自明でない零点sは
すべて$\mathrm{Re}\, s = \frac{1}{2}$上にある

（1859年発見→未解決！）

るのです。「解けるものなら解いてごらんなさい」と。

## 「解きたい」気持ちが問題を生む

数学者はいわば挑戦者です。内に宿る「解きたい」という気持ちが、新しい理論を次々と生みだしてきました。すると、そこからまた新たな問題が発見されるのです。数学では問題を「解く」こと以上に、問題を「つくる」ことが大切といえます。

数学の世界を牽引している難問はたくさんあります。2より大きいすべての偶数は二個の素数の和であるという「ゴールドバッハ予想」、素数の分布に関する「リーマン予想」などなど。

研究が進めば進むほど、神秘性が浮き彫りにされる数学の世界。その中で、難問たちは解かれるのをじっと待ち続けているのです。

Part Ⅱ

# 暮らしは数学で満ちている

# √は植物の根のように

## √はどこに現れる？

中学の数学の教科書にでてくる「√」の記号。どうして√を勉強しなければならないの？　疑問に思いながら問題を解いた人も多いでしょう。

二乗してaになる数は二つあります。例えば、二乗して9になる数は+3と−3の二つです。それでは「二乗して3になる数は？」と問われると、整数を使って表すことができなくなります。

こんなとき、√を使えば、二乗して3になる数を$\pm\sqrt{3}$と表すことができる、と教科書は教えます。

しかし、この教え方は中学生にとっては唐突すぎる感があります。二乗して3になる数を求めることを「自分には関係ない話だな」と思ってしまう生徒に対しての上手なアプローチとはいえません。それよりも、「√が実は身近にある」ということを最初に示した方が効果的だと思われます。

それでは、「$\sqrt{\ }$探しの旅」に出かけてみましょう。ここでは$\sqrt{2}$と$\sqrt{5}$を取り上げたいと思います。まずは、$\sqrt{2}$とコピー用紙。

コピー用紙には「Ａ４」「Ｂ５」などの規格やサイズがあります。ここで縦横の長さに注目してみましょう。実はここに$\sqrt{2}$が隠れているのです。どのサイズも縦横の比が１対$\sqrt{2}$となっています。例えば、Ａ４用紙を縦に半折りにしてみてください。すると、Ａ５用紙になります。

逆にＡ４用紙を二つ合わせると、Ａ３用紙になります。つまり、すべて縦横比が１対$\sqrt{2}$。規格やサイズが違ってもコピー用紙はすべて同じ形、相似形をしているのです。$\sqrt{2}$のおかげで便利な紙の大きさと形が決定されています。

## 「ダ・ヴィンチ・コード」にひそむ黄金比

つぎに$\sqrt{5}$とカードの関係を見てみましょう。映画「ダ・ヴィンチ・コード」で有名になったのが黄金比という数です。もっとも美しいとされる長方形の縦横の比「１対１.６１８……（$\frac{1+\sqrt{5}}{2}$）」のことです。名刺やカード類、正五角形（桜の花びらなど）などは、この黄金比が基になっています。人は黄金比によるバランスの整ったフォルムに美しさを感じるのです。

このように、$\sqrt{2}$はコピー用紙の機能性をつくりだす数として、$\sqrt{5}$は美をつくりだす数として活躍しています。

「数は生きている」のではないでしょうか。生きているものを見つめる眼差しが大切です。数を生きている存在ととらえること。そう思えるようになれば、自然に数と友達になることができます。

数はものを言いません。ただ静かに、ひっそりと私たちを支えてくれています。例えば、$\sqrt{}$という数も私たちのそばに生きているのです。

ちなみに、$\sqrt{}$は「root（根）」の頭文字「r」を変形させた記号です。$\sqrt{}$は植物の根のこと。そう考えると、何だか生命のような感じがしてきませんか。

## ◆身近なものにひそむ黄金比

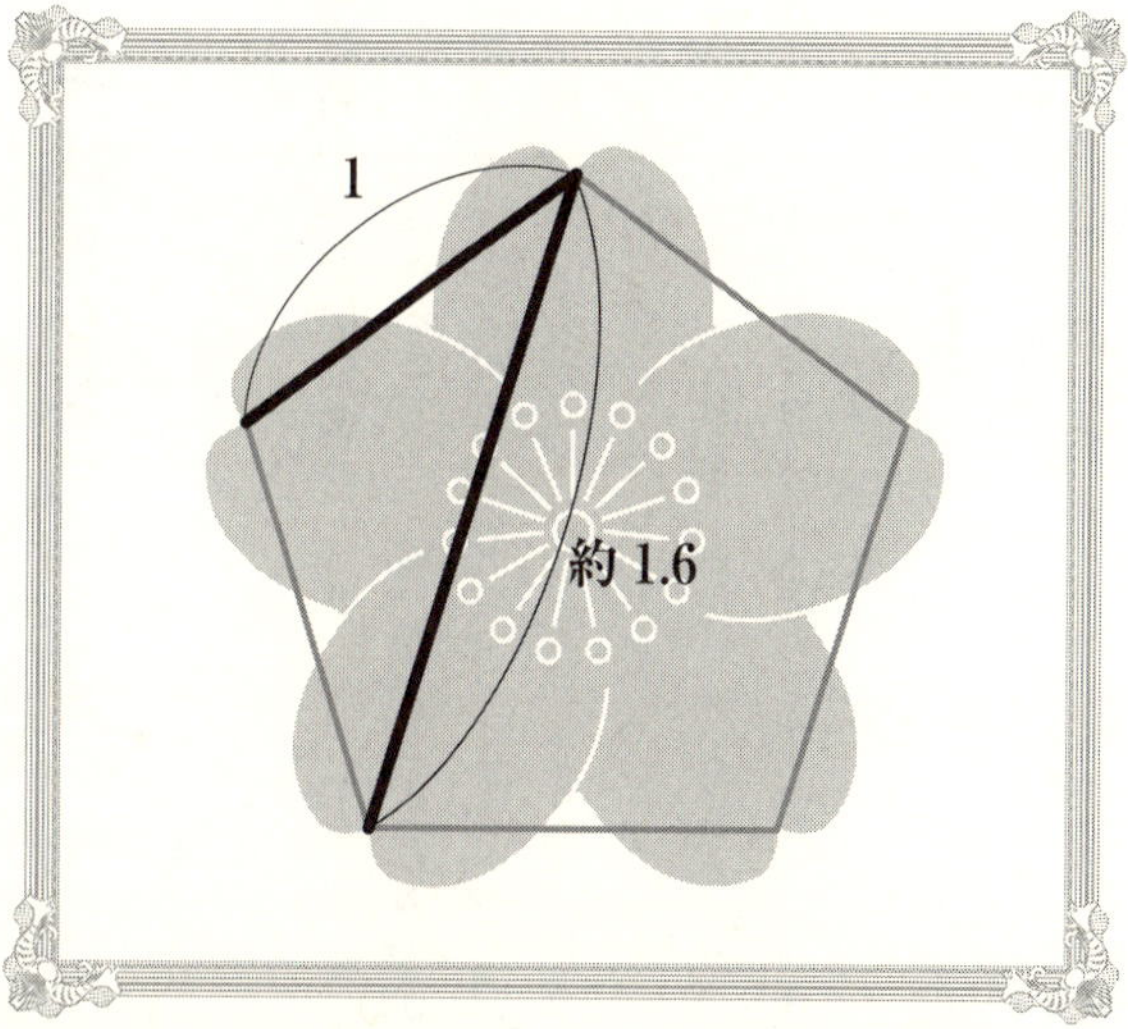

# コピー用紙のひみつ

## A判とB判のちがいは何？

みなさんのそばにあるコピー用紙に隠されたひみつがあることをご存じでしょうか。A４判の規格サイズは「２１０ミリメートル×２９７ミリメートル」です。その縦横の比が「１対$\sqrt{2}$」であることはお話ししました。倍々にしていくとサイズはA３判、A２判、A１判、そしてA０判が最大になります。

A４のサイズをもとに長さを倍々にしてみましょう。左の図を見てください。A０版の面積は「１１８８ミリメートル×８４０ミリメートル＝９９７９２０平方ミリメートル」となりました。

何か気付きませんか。

この値はほぼ「１０００００平方ミリメートル＝１０００ミリメートル×１０００ミリメートル＝１平方メートル」に等しくなります。A０判は１平方メ

◆コピー用紙A判のサイズ比一覧

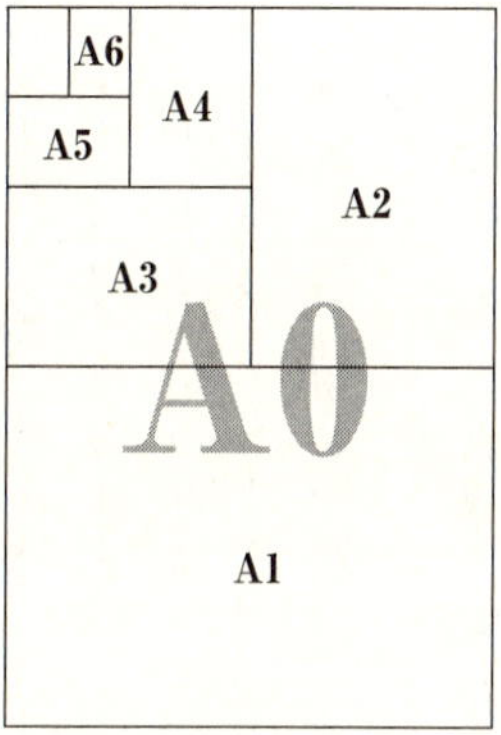


◆A4の長さを倍々にしてみると……

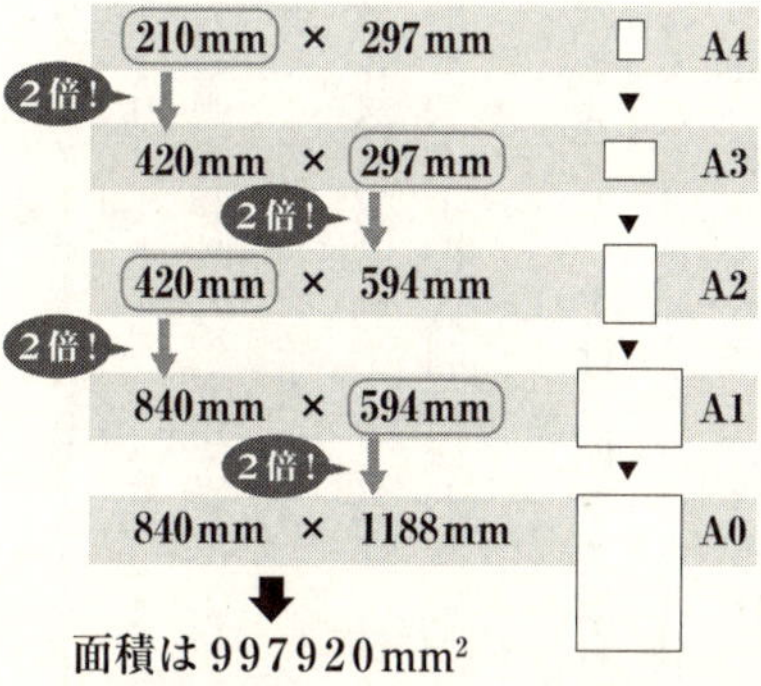

ートルと定められ、順次小さなサイズが考案されました。これがＩＳＯ（国際標準規格）に採用され、日本ではＪＩＳ（日本工業規格）として定められている規格です。

正確には、Ａ０判（８４１ミリメートル×１１８９ミリメートル＝９９９９４９平方ミリメートル）、Ａ１判（５９４ミリメートル×８４１ミリメートル）、Ａ２判（４２０ミリメートル×５９４ミリメートル）、Ａ３判（２９７ミリメートル×４２０ミリメートル）、Ａ４判（２１０ミリメートル×２９７ミリメートル）となっています。

また、Ｂ判の規格もありますね。学習ノートのサイズはＢ５判です。長年、国や公共団体の書類はＢ判でしたが、平成五年頃から順次公文書はＡ判に変わってきました。

なぜ日本ではこの二つの規格が混在しているのでしょうか。実は、伝統的なＢ判には合理的理由があるのです。規格がＡ判だけになると、使用頻度が高いＡ４判の前後の大きさが、「Ａ３判では大きすぎてＡ５判では小さすぎる」という不便が生じます。それを補完するためにＢ判があります。Ａ判とＢ判にはどんな数学的関係が隠れているのでしょうか？　身近にあるＢ４判で調べてみましょう。

◆A4の対角線とB4の長い方の辺を重ね合わせると……

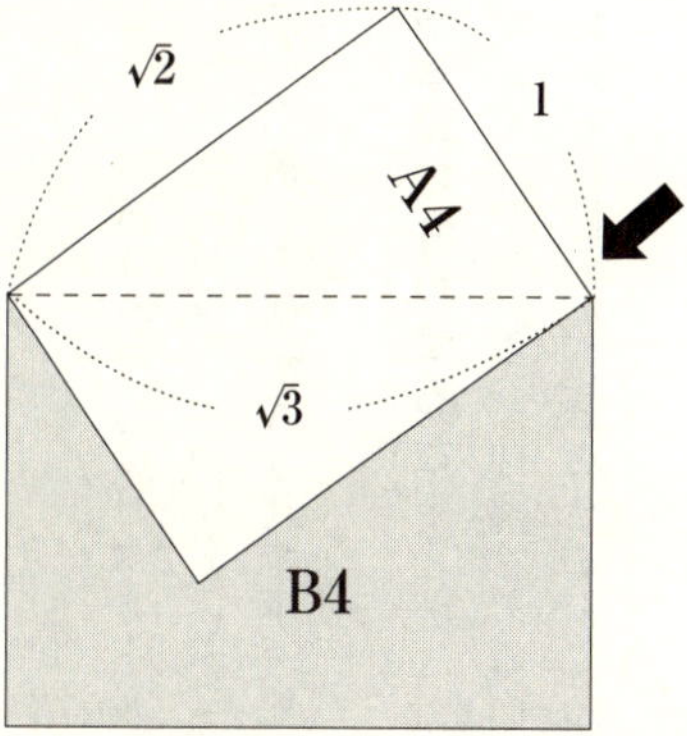

Ｂ４判の面積は２５７ミリメートル×３６４ミリメートル＝９３５４８平方ミリメートル。

Ａ４判の面積は２１０ミリメートル×２９７ミリメートル＝６２３７０平方ミリメートル。

すると、面積比は「９３５４８平方ミリメートル÷６２３７０平方ミリメートル＝１・４９９……」となり、ほぼ一・五に等しいことがわかります。Ａ４判の一・五倍の面積がＢ４判で、二倍の面積がＡ３判です。使い勝手のよい大きさですね。

## Ａ４判とＢ４判を重ね合わせると……

この事実を、定規と電卓を使わずに理解できる面白い方法があります。Ａ４判の対角線とＢ４判の長い方の辺を重ね合わせてみましょう。するとぴったり一致するのです。

Ａ４判の短い辺の長さを１とすると、長い方は$\sqrt{2}$。すると「三平方の定理」により、斜辺つまりＢ４判の長い辺は$\sqrt{3}$とわかります。

したがって、相似比は$\sqrt{2}$対$\sqrt{3}$。面積比は相似比の二乗になるので「２対３＝１

対1・5」です。

実際JISでは、B0判は「1030ミリメートル×1456ミリメートル＝1499680平方ミリメートル（ほぼ1・5平方メートル）」と定められています。

普段、何気なく手にするコピー用紙。その根底にある数と形のしくみのおかげで、私たちは便利に使うことができるのです。

# マンホールはなぜ丸い？

## マンホールにはπが隠れている

マンホールはなぜ丸いのでしょうか。何気ない風景にも理由があります。もしマンホールが四角形だと、どうなるでしょうか。

そうすると、対角線の長さの方が一辺より長いことになり、ちょっと蓋（ふた）を回転させてしまうだけで、鉄の重い塊は穴の中に落ちてしまいます。とても危ないですね。

しかし、蓋の形が「円」であればどのように回転させてもけっして落ちることはありません。円の直径よりも長い部分はないからです。

これ以外にも、コロコロ転がしやすく工事中での移動に便利であることや、円は見た目に優しい印象を与えることなどもあるでしょう。機能的にもデザイン的にも適した形、円は私たちの生活の多くを支えてくれています。

## ◆マンホールの蓋はなぜ丸い？

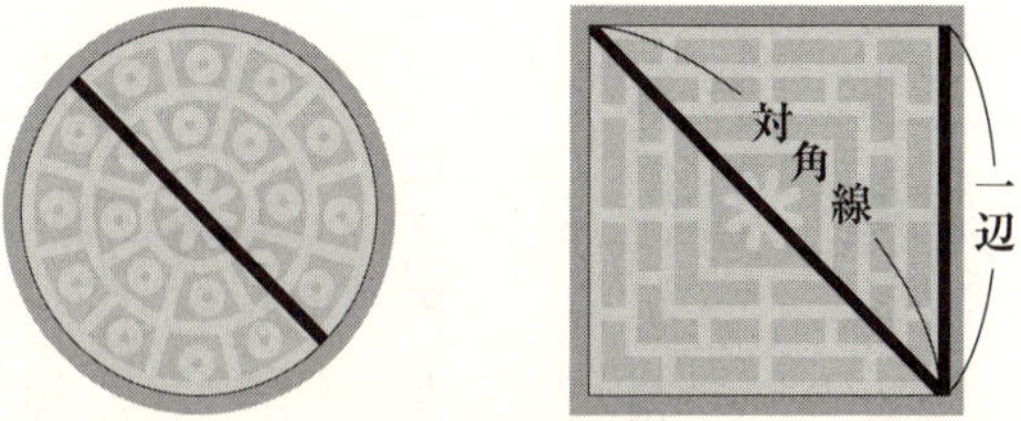
対角線
一辺

たしかに対角線が
一辺より長いね

その「円」の中に隠れている数、それが「円周率π」です。円周率の定義は、「円周の長さを直径で割った値」です。すべての円、すなわちどんな直径の円であってもこの比の値は一定となります。形を測るという作業を通じて数を発見する人間の営みは、今から四千年前にはじまりました。

みなさんも、手を動かしてみてください。

紙コップ、定規、鉛筆、紙を用意します。これを用いて円周率πを求めてみましょう。例えば、私の手元にある紙コップの口周りの長さを測ってみると、約二一センチメートル、直径は約七センチメートルです。「21÷7＝3」となり、円周率は約3であることが確かめられます。より大きなコップで長さを測れば、3・1くらいまでの値は得られます。しかし、紙コップの計測からは、私たちが教科書で習った円周率πの値である約3・14ですら求められないのです。

## 大切なものには「円」が隠れている

それではどのようにしてさらに正確な値を求めたらいいのでしょうか。計測ではなく「計算」によって円周率を求める方法が古来、世界中で考えられてきました。日本でも十八世紀の江戸時代、関孝和（小数点以下一〇桁）、鎌田俊清（二五桁）、建部賢弘（四一桁）、松永良弼（四九桁）といった和算家が競って円周率の計算に挑戦しました。

特に関孝和の優秀な弟子である建部賢弘の方法は、無限級数の考え方を使ったものので世界レベルでみて第一級の業績でした。当時の日本が数学大国だったことを示しています。

大切なものには「円」が隠れているのではないでしょうか。

地球や天体の運動、日本のお金の単位、夫婦円満、円滑、……すべてに円は隠れているかのようです。西洋の数学と同様に、日本人も大切な円に対して飽くなき探求を続けてきたのです。

二〇〇二年に東京大学の金田グループは前人未踏の一兆桁超えを達成しました。「π＝3・14159265358979323846264338327 9……」。

無限に続くその数の正体はいまだ解明されていません。これからも人類は、円とともに生きて「円の謎の解明」の挑戦を続けていくことでしょう。

# 為替もエコも「変換」が支える

## どこもかしこも「変換」だらけ

私たちの生活は「変換」で満ちています。

円とドルの為替レートは、「一〇〇円＝一ドル」のように日本とアメリカ、二国間のお金の価値の換算比率を表したものです。また「サンマ一匹＝九〇円」のような価格は、物やサービスの価値をその国の通貨に換算した指標です。

つまり、経済は「変換」の積み重ねで成り立っているといえます。

また、酸とアルカリを混ぜると水と塩が生成されます。塩を摂ることで私たちは生きることができます。この中和反応は、物質間の「変換」です。

さらには、発酵とは、酵母菌、乳酸菌などが有機化合物を酸化させてアルコールをつくりだすことですが、微生物が行っている変換ともいえます。ヨーグルト、納豆、キムチ……。豊かな食生活は、この変換のおかげでつくりだされた発酵食品が

## ◆「変換」から生まれた切手？

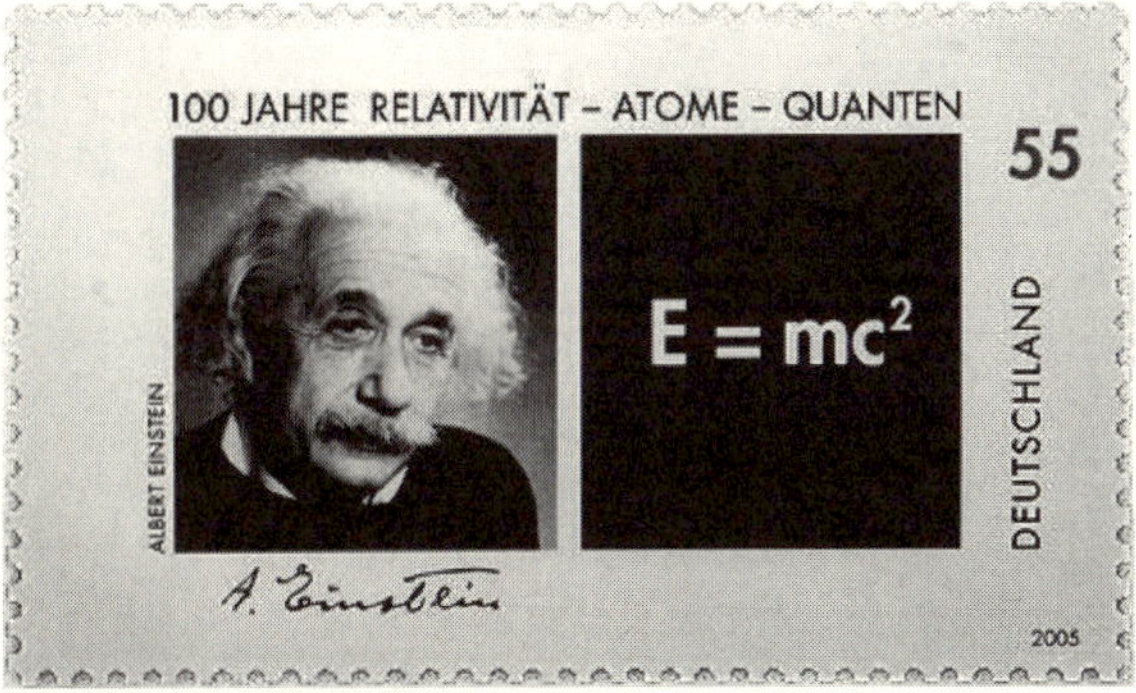


「特殊相対性理論」発表100年を記念してドイツで発行された

支えています。

身のまわりのエネルギーも「変換」のなせる業です。水力発電、風力発電、バイオマス発電、太陽光発電などからつくりだされる電気エネルギーは、すべて太陽エネルギーが変換されたものです。

**太陽とコンピュータの共通項？**

太陽では、水素がヘリウムに変換される核融合反応によりエネルギーがつくりだされています。その核融合反応は、質量が莫大なエネルギーに変換される反応です。

一九〇五年に物理学者アインシュタ

インが発見した公式「$E=mc^2$」により、そのエネルギーを計算することができます。アインシュタインは、「質量m［kg］」が「エネルギーE［J（ジュール）］」に変換されることを示しました。

　このように経済、化学、生物、物理の世界で様々な「変換」を見つけることができます。経済学、化学、生物学、物理学といった学問は、それぞれの対象の間にある「変換のしくみ」を探っているといえます。対象に付随する「量」を「数」に「変換」することで、はじめて多くの人々がコミュニケーションできるようになるのです。数学はこれらの学問にとって必要不可欠な存在となりました。

　人は一〇本の指を授けられました。その一〇本の指と数を使ってあらゆるものを数えてきました。そのおかげでここまで文明を築いてきたのです。

　現在、その「数える」という行為は電子計算機に置き換わっています。コンピュータとよばれるその機械は、ひたすら「0と1」を数えるだけの作業に励みます。作業を高速でこなすおかげで、私たちは情報が数に変換されていることさえ気付かずに、膨大（ぼうだい）な情報を扱うことができるのです。「IT」は、マルチメディア（文字情報、映像情報、音楽情報など）をすべて「0と1」という数に変換することで成り立っています。

多くの「変換」は人目に触れることなくひっそりと、しかし確実に一分（ぶ）の狂いもなく粛々と行われています。その「変換」に支えられて私たちの生活があるとすれば、「変換」に感謝しなくてはいけませんね。

# 「メートル」はフランス革命で生まれた

## 単位はどのように決まる？

「一メートル」や「一キログラム」のメートルやキログラムを「単位」といいます。私たちの日々の生活は単位なしには考えられません。

時間、長さ、重さといった量をはかり、その量を共有することで私たちの生活は成り立っていることはいうまでもありません。

量は、数と単位から成り立ちます。「量＝数×単位」ということです。「×」の記号は省略されて、量は「３ｍ」「５kg」のように表記されます。人間が社会の中で多くの人々と生きていくために、数と単位は発明されたといえます。

便利な数も単位もはじめからあったわけではありません。苦労の末に獲得した私たちの宝ともいえるものです。

「メートル」は、フランス革命の中で生まれました。革命政府は、自国の測量（国境確定）のためだけではなく、これからは世界共通の単位が必要になると考え、世界共通単位である「メートル」をつくりだしました。

新しい単位は、全地球上の誰もが認める普遍的なルールをもとに定められる必要があるので、地球を基準にしました。それが「地球の北極から赤道までの子午線の長さの一〇〇〇万分の一」です。フランスからスペインまでの距離を三角測量をくり返すことで精度の高い測定に挑むことになりました。

苦心を重ねた測量は、測量士の命を代償とする難事業となりました。一七九五年、フランスは「メートル法」をやっとの思いで成立させます。さらに欧州各国での「メートル条約締結」に至ったのが一八七五年のことでした。

フランスがメートルの正式な長さを定めてから八十年経って、ようやく世界基準となったのです。日本では、一八八五年にメートル条約に加盟し、一八九〇年にフランスの国際度量衡局からメートル原器を交付されました。

## 進化し続ける「メートル」

さて、現在のメートルの定義は「地球」から「光」に替わっています。メートルは

◆国際的に定められている７つの単位

| 長さ | 質量 | 時間 | 電流 | 熱力学的温度 | 物質量 | 光度 |
|---|---|---|---|---|---|---|
| **m** | **kg** | **s** | **A** | **K** | **mol** | **cd** |

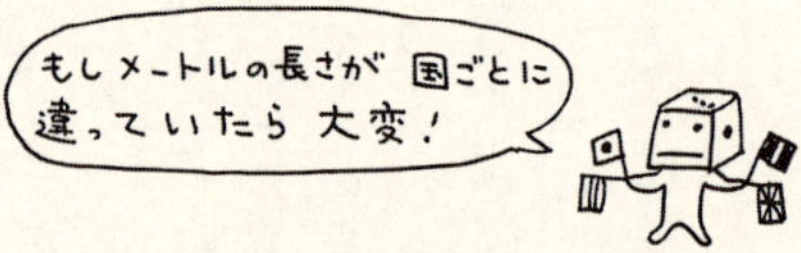

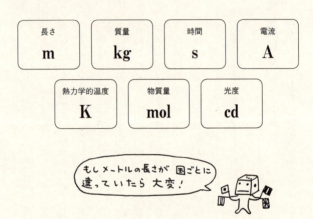

「一秒の二億九九七九万二四五八分の一の時間に、光が真空中を進む距離」と定められています。

メートル法誕生時は、世界共通単位は四つだけでしたが、現在は国際単位系（SI）の基本単位は七つあります。長さ（m）、質量（kg）、時間（s）、電流（A）、熱力学的温度（K）、物質量（mol）、光度（cd）です。

時間の単位「秒」は、現在は「セシウム１３３原子の基底状態の二つの超微細構造準位の間の遷移に対応する放射の周期の九一億九二六三万一七七〇倍の継続時間」と定義されています。新しいメートルの定義は、時計の精度が原子時計によって飛躍的に高まったことから変更されるようになりました。

単位は、「より精度を高めること」を宿命づけられています。

私たちが「数」と「単位」を使い「量」を表し続けるかぎり、単位の精度追求が終わることはありません。私たち人類は、これからも「数」と「単位」と共に歩んでいきます。

単位の現在を知ることは、これまでの人類発展の歴史を知ることでもあります。これからも私たちの文明が発展していくとき、その証（あかし）として、「新しい単位」の定義が現れることになるでしょう。

# アインシュタインと快適ドライブ

## 天文学と人類の願い

私たちの日々の生活は、様々な技術進歩により、昔では考えられない利便性がもたらされています。カーナビはその代表例といえます。見知らぬ場所へ、車と人を確実に導いてくれるその装置は多くの科学の力により成り立っています。

人類は、太古の昔から自分が立つ場所を知ろうと願いました。天に輝く星を観測し、精度の高い時計を利用することで、「地球上のどこに自分がいるのかを知る術＝天文学」を発展させてきました。

現代のカーナビは全地球測位システムGPS（Global Positioning System）の応用の代表例ですが、状況はまったく変わっていません。天に輝く星は人工衛星に、精度の高い時計は機械式時計から原子時計に替わりました。

人工衛星と原子時計を結ぶ機械、コンピュータのおかげで実現した技術です。

◆今私たちはどこにいる？

農業や航海にも
天文学は
必要だったん
だよね

## カーナビは何を計算している？

カーナビにはなぜ「0と1」という二つの数を毎秒数億回高速計算するコンピュータが搭載されているのでしょうか。自動車に搭載されたカーナビにはアンテナが付属しています。これが人工衛星からの電波を受信します。

ここでは幾何学の知識が応用されています。人工衛星は、搭載された原子時計の情報を電波信号として四方八方に放出します。つまり、人工衛星を中心とした球状に電波は進行していきます。人工衛星からの電波信号を地上のカーナビのアンテナが受信すれば、人工衛星までの距離がわかります。

◆人工衛星が用いる方程式

$$(x-a)^2+(y-b)^2+(z-c)^2=r^2$$

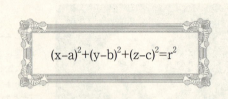

さらにもう一基、別の人工衛星からの電波信号を受信すれば、二つの人工衛星からの距離がわかることになります。このとき人工衛星からの電波は二つの球の交わるところとしてカーナビの位置は絞られることになります。

さらに、もう一基からの電波信号を受信できれば、三つの電波の球の交わりとしてカーナビの場所は絞られます。これは先の二つの場合の円周に対して、三つ目の球が重なることになるので二点にまで絞られることになることがわかります。

付け加えてもう一基、第四の人工衛星があれば、地上の一点に場所は特定されることになるのです。

## カーナビを支える相対性理論

人工衛星から送信される電波がつくる球面は、前ページのような方程式で表されます。「点（a、b、c）」は球の中心、「r」は球の半径、そして「座標（x、y、z）」がカーナビの場所を示します。

四つの人工衛星それぞれに対してこの方程式があります。つまり、連立方程式ですね。さらにコンピュータがその連立方程式を解くことで地上での車の位置がわかるのです。さらにカーナビには経路検索の機能がありますが、「四色問題」の分野であるグラフ理論が応用されています。このほかにカーナビにはCGを使って地図を立体表示するしくみなど、数学とコンピュータを駆使した機能が満載されています。

そしてカーナビにとって重要な点は「精度」です。実は、実用に耐えられる精度（カーナビでは誤差一〇メートル以内）を保証しているのが相対性理論です。

つまり、今日のデートのドライブが順調だったのは、「アインシュタインが、あなたをこっそり見守っていたから」といえるかもしれません。

人類が古代から抱いてきた夢は、多くの科学技術と数学に支えられることにより実現したのです。

# iPodは数学が奏でる

## 一秒の音を四万以上に分割？

今や音楽や映像はデジタルにより録画録音、編集、配信されていることはみなさんご承知の通りです。

iPodなどインターネットを通したデジタル配信は、CDやDVDといった「モノ」を過去の遺物にした感すらあります。すべてはデジタルがなしうるマジックです。

デジタルとは「指折り数える」から派生した言葉です。私たちは一〇本の指を持つことから「十進法」という数の数え方を生みだしましたが、「0と1」だけのコンピュータを使ったデジタル音楽の場合は、「二進法」を用いています。

ところで、音楽とは音の集まりですが、音とは波のことです。その特徴は連続的に変化することです。昔のレコードはこの波を、物理的に、直接レコード盤に刻み込みました。これが、アナログ・レコードです。

それでは、アナログであった音楽が、どのようにしてデジタル機器を通して取り扱われるようになったのでしょうか。

この核心部分には数学があります。アナログをデジタルに変換することを「AD変換（アナログ―デジタル変換）」といいますが、そのポイントは「分割」です。まず音楽は、マイクを通して電気信号（アナログ信号）に変換されます。時間軸と音量（電圧）の二つに分割が必要になりますが、時間軸は一秒間を四万四一〇〇分割して音の大きさ（電圧）を測ります。これをサンプリングといいます。

サンプリングされた音（電圧）をどれだけの精度で読みとるか。ここで、量子化といわれる分割が必要になります。

音楽CDは、基本的には「16ビット」です。そこで、「2の16乗（＝65536）分割」して電圧を数値化（デジタル化）します。これが「44・1キロヘルツ」「16ビットサンプリング」などといわれるものです。

CDはアルミニウムの薄膜に溝を焼き付けることで「0と1」、つまり二進数のデジタルデータを記録します。つまり、CDには四万四一〇〇分の一秒ごとの「16

ビット」で量子化された数値が二進数で記録されていることになります。

ちなみにこの取り決めはオランダの家電メーカーのフィリップスと、日本の家電メーカーのソニーによるものでした。

## ナポレオンと共に行動した数学者

現在、音楽はCDに代わりインターネットでダウンロードして携帯型端末で聴くことが主流になっています。ここで必要になるのがデータ圧縮技術です。実は、ここにはフランス革命の息吹が潜んでいるのです。

ナポレオンのエジプト遠征にも同行させられた数学者フーリエ（一七六八～一八三〇）をご存じでしょうか。彼の名を歴史に刻むのが「フーリエ変換」の理論です。熱伝導の研究から一般の波動についての分析手法に関する革命的理論です。

このフーリエ理論を用いることで、音の周波数分析を行うことができます。人間が知覚しづらい周波数成分のデータを取り除くことで、データ量の圧縮が実現します。

つまり、現代のデジタル音楽には、通奏低音としての数学の調べが根底に流れているのです。

みなさんも是非、インターネットでダウンロードした音楽を聴きながら、「指折り数える」からフランス革命時のフーリエ、そして現代へと発展した「遥かなる数学の調べ」を聴きとってほしいと思います。

# 江戸の天才数学者

## 円周率の計算で世界的な業績

建部賢弘（一六六四〜一七三九）は江戸時代の数学者です。十二歳の頃、関孝和（第七回本屋大賞を受賞した『天地明察』でも活躍している当時を代表する数学者）の弟子となり、徳川家宣、家継、吉宗の三代の将軍に仕えました。円周率の計算で世界的な業績を上げたことでも有名です。

一七二二年に将軍吉宗の求めに応じて書いた本『綴術算経』の中で、彼は「算数の心に従うときは泰し。従わざるときは苦しむ」という言葉を残しています。「泰し」とは安泰、つまり安らぎのことで、算数の心に従うとき安らげるというのです。

## 数学は生きている？

◆建部賢弘21歳時の著作『発微算法演段諺解（はつびさんぽうえんだんげんかい）』（和算研究所所蔵）

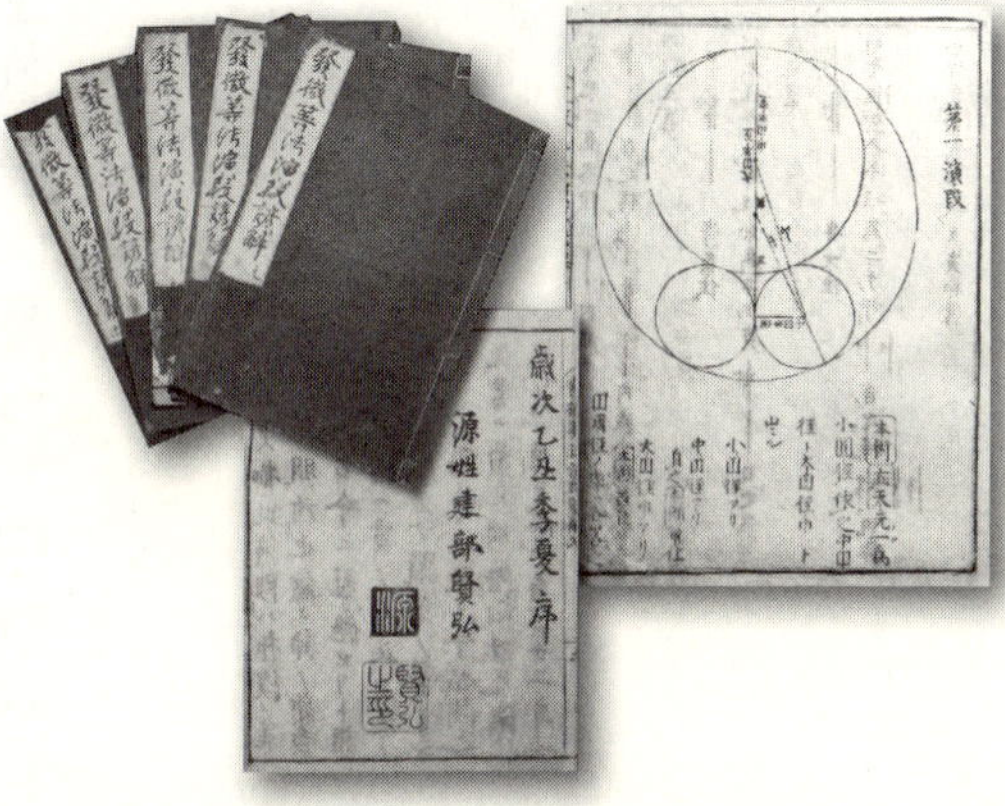


この言葉を知ったとき、「やはりそうだったのか」とうれしい思いがわき上がりました。

というのは、私も数学を学びながら、長い間「数学は生きている」というぼんやりした感覚を持っていたからです。将軍に数学の「心」を断言した建部には、数学が生きていることに対する確信に満ちた思いがあったのです。

その建部の時代から三百年。数学は大きく発展し、今なお進化し続けています。それは、私たち人類が算数の心に従い、安らぎを手に入れてきたという証拠です。

# 大工道具に息づく白銀比

## 大工道具に見る算数の心

「白銀比」とは「1対$\sqrt{2}$（約1・4）」となる比率で、黄金比と同じく相似をつくりだします。

白銀比は、日本建築ととても深い関係にあります。

丸太からもっとも無駄なく切り出した角材の断面は正方形ですが、大工さんはL字型の曲尺（かねじゃく）を使って、その一辺の長さを瞬時に見て取ります。これは曲尺に角材の一辺の長さが一目でわかる角目（かくめ）と呼ばれる目盛りが刻んであるからです。

次ページのイラスト左上の図を見てください。丸太の直径は切り出す角材の断面（正方形）の対角線。ということは、ピタゴラスの定理から正方形の一辺の長さを「$\sqrt{2}$（白銀比）倍」した数ということになります。

このため、角目は、通常の目盛り（表目）を$\sqrt{2}$倍した間隔で刻まれているので

◆曲尺は白銀比でできている

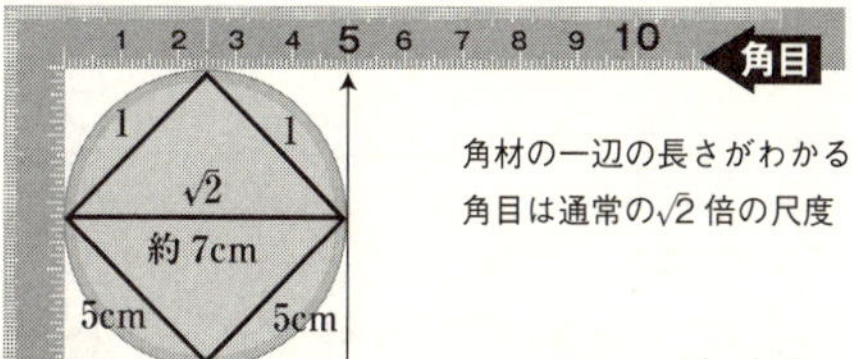


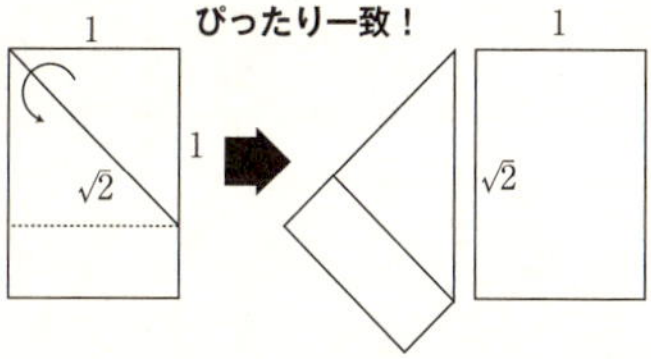


す。日本の美しい寺社建築の数々は曲尺の活躍から生まれました。
大工さんが千年以上も前から愛用している道具にひっそりと息づく白銀比。そこには日本建築を陰で支えている清楚(せいそ)な「算数の心」を見ることができます。

# ピタゴラスとドレミ

## 音のひみつも数で解き明かせる

ドレミファソラシドの各音は、音律というルールによって高さが決まります。

かつてピタゴラスは鍛冶屋から聞こえてくる様々な鎚（つち）の音を聞くうちに、よく調和して響き合う音（協和音）のあることに気付きました。

彼は、それが鎚の重さに関係していることを突き止めます。さらに協和音の間に秘められたルールを、自然数を使って解き明かしました。

次ページの中央の図を見てください。

ピタゴラスは弦の長さの比が３：２のときに、その弦が奏でる2つの音がきれいに響き合うことを発見しました。それがドとソの関係です。音の高さは、弦の長さが半分になると2倍（1オクターブ高くなる）になります。ソをもとに3分の2の長さの弦をつくると、ドの長さの半分未満になるので弦の長さを2倍にしてレとし

## ◆ピタゴラスは音の美しさを数に発見！

**協和する音と弦の長さ**

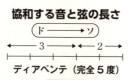

（ド ――→ ソ）

←― 3 ―→←― 2 ―→

**ディアペンテ（完全５度）**

繰り返し

**ピタゴラス音律**

| （ド → | ソ） → | レ → | ラ → | ミ → | シ → | ファ → | ド |
|---|---|---|---|---|---|---|---|
| 1 | $\frac{2}{3}$ | $\frac{8}{9}$ | $\frac{16}{27}$ | $\frac{64}{81}$ | $\frac{128}{243}$ | $\frac{512}{729}$ | 1 |

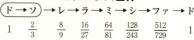

ます。
　これと同じことを繰り返して、ド↓ソ↓レ↓ラ↓ミ↓シ↓ファと音がつくられていきます。ただし、ファからつくられる次の音はおよそ1オクターブ高いドになり、正確にはもとのドの弦の長さの半分にはなりません。
　そもそも私たちが数を通して音の調和を探ることができるのは、音程という音の高さが数に置き換えられるからにほかなりません。
　協和音の背後にきれいな調和を持つ自然数の存在を発見したピタゴラスは、さぞ驚いたことでしょう。彼の残した「万物は数なり」という言葉にもうなずけます。音に感動する私たちの心は、同時に数の心とも共鳴しているのかもしれません。

# 船乗りを助けた数学者

## 大航海時代の天文学者の悩み

十六世紀のヨーロッパはいわゆる大航海時代。当時の船乗りにとって重要だったのは、今いる地球上の位置を星の動きから知ることでした。天文学は航海に欠かせない重要な学問だったわけです。

星の運行を記した暦をつくる天文学者は、まさに社会的使命を担っていたといえるでしょう。それはまさに「天文学的」な数に複雑な計算が絡む難しい作業でした。

スコットランドのジョン・ネイピア（一五五〇〜一六一七）は、その難題を解決すべく画期的な計算方法を考えだしました。

彼は城主としての仕事をこなす一方、数学にも関心を持ち続けた人物です。驚くべきことに、四十四歳にはじまった彼の計算作業は二十年というときを経て

◆天文学の複雑な計算は対数により簡単になった

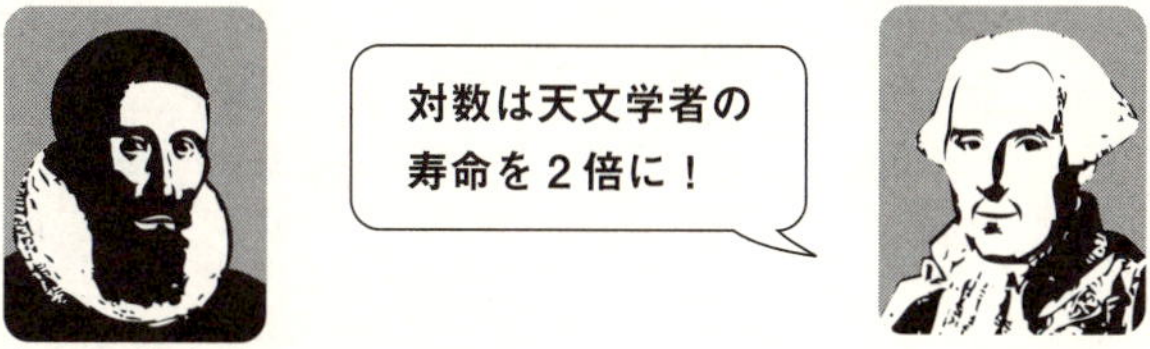


ジョン・ネイピア
（1550～1617）

ラプラス
（1749～1827）

一六一四年にようやく完成したのです。

## 天文学的計算を支える「対数」

ネイピアがたどり着いたのは、かけ算を足し算に置き換える「対数」という計算方法でした。それまで誰も思いつかなかった驚異的な発見です。これなら大きな数どうしのかけ算も容易に計算することができます。

ただ、難解な理論によって裏打ちされたそのアイデアは、なかなか周囲に理解されませんでした。

しかし、やがて一人の理解者が現れます。ネイピアのアイデアに衝撃を受けたヘンリー・ブリッグスという天文学者でした。ネイピアの遺志は、このブリッグスによって受け継がれます。彼の手でより確かなものとなった対数は、世界中の人々の天文学的計算を支えていくことになります。

もし、ネイピアの名が忘れ去られる日が来たとしても、天文学者のみならず計算を必要とするすべての人々を助ける対数は、これからも生き続けていくのです。

# 方程式は星の輝きを語る

## 少年時代のアインシュタイン

アインシュタイン（一八七九～一九五五）ほど方程式に魅せられた科学者はいません。同時に、彼ほど方程式の魅力を私たちに教えてくれる科学者もいないでしょう。

少年時代から、光や方位磁石に異常なほどの興味を抱いていたアインシュタイン。そのまなざしは、森羅万象に存在する核心へと向けられていきます。星が輝くこと、機関車が走ること、生命にぬくもりがあること……。それらの背後には統一されたエネルギーがあります。

人類は長い間、そのことに気付いていませんでした。

## 宇宙の理解につながる数式

一九〇五年、青年アインシュタインは、光を絶対的な存在とすることで時間と空間と物質の関係がどうなるかを考えるに至ります。やがて、それは有名な「特殊相対性理論」として結実します。エネルギー（E）は質量（m）と光の速さ（c）で表されるという公式でした。エネルギーとは何か――。

そんな壮大なテーマがたった一行の方程式で表現できてしまうなんて！

アインシュタインの驚きは、さぞ大きかったことでしょう。「私が永遠に理解できないことは、なぜ私たちが宇宙を理解できるかである」。そんな彼の言葉からも感動が伝わってきます。数学は物理学のためにつくられた学問ではありませんが、お互いの相性がいいことはアインシュタイン自身が感じ取ったことです。

高校時代の彼は特に数学の成績が優秀だったわけではありません。後に物理学者になってから、数学の威力を思い知るようになったのです。宇宙がこれほどまでにエレガントな衣装、すなわち方程式をまとっているとはつくづく驚くばかりです。

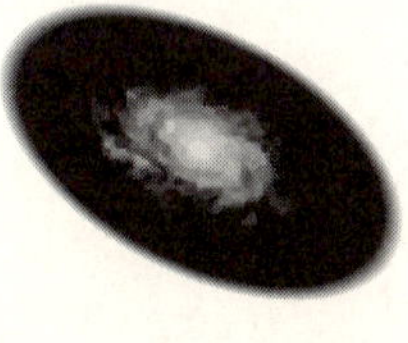

# 比類なき天才数学者オイラー

## 「ゼータ関数」の発見

数学者オイラーは一七〇七年、スイスに生まれました。彼の研究分野は数学だけにとどまらず、物理学や天文学、哲学、建築にまで及びました。

幼少の頃から頭角を現し、比類なき言語能力と暗記力、そして計算力に暗算力。

わずか十三歳で名門バーゼル大学に入学し、神学とヘブライ語を学ぶほどでした。

そこで有名な数学者ヨハン・ベルヌーイ（一六六七～一七四八）と出会い、数学の道を邁進（まいしん）します。


二十七歳になったオイラーは、師と仰ぐヨハンの兄、ヤコブ・ベルヌーイ（一六五四～一七〇五）さえも解けなかった難問「バーゼルの問題」を見事に解いてみせます。詳しい説明は省きますが、それが無限にある自然数を足し合わせる「ゼータ関数」の発見につながります。抜きんでた計算力と洞察力、そして冒険心がも

### ◆スイスの貨幣にもなったオイラー

**オイラーの公式**

$$e^{ix} = \cos x + i \sin x$$

**ゼータ関数**

$$\zeta(s) = \frac{1}{1^s} + \frac{1}{2^s} + \frac{1}{3^s} + \frac{1}{4^s} + \cdots\cdots$$

**オイラーを読め、オイラーを読め、オイラーは我々すべての師だ。**

ラプラス

たらした偉業です。

## 視力を失っても無限を求めた

オイラーは六十三歳で両目の視力を失い、さらには妻とも死別します。それでも、無限に挑む彼の計算は止まりませんでした。心の目で数を見つめていたのです。ただそんな計算の旅にもやがて終わりがやってきます。

一七八三年、ペンを走らせる彼の手は止まります。七十六歳でした。しかし、彼のゼータ関数は現代の数学でも解明し切れない大きな課題を残しています。計算する心の素晴らしさを私たちに教えてくれているのです。

# πはネバーエンディングストーリー

## 円周率πへの挑戦

3・14といえば有名な数ですね。そう、円周率πです。正確な値は、3・1415926535897932384626433……と無限に続きます。円ほど単純な形はないのですが、そこに潜むπという数は私たちの想像を超える深さを持っています。

πの正確な値の探究は今から四千年前にはじまりました。紀元前二千年頃にエジプトで約3・1と示され、紀元前三世紀にはギリシャのアルキメデスが約7分の22(3・142…)と計算。五世紀に入ると、中国の天文学者、祖沖之(そちゅうし)が約113分の355(3・141592…)とし、十八世紀には日本の建部賢弘が小数点以下四一桁まで計算しました。時代を超えて世界中で計算が続けられたのです。

そして二十世紀。コンピュータの登場で計算競争が過熱し、二〇〇二年には一兆

◆永遠に続く3.14……

**3.14159265358979323846264338327950288419716……**

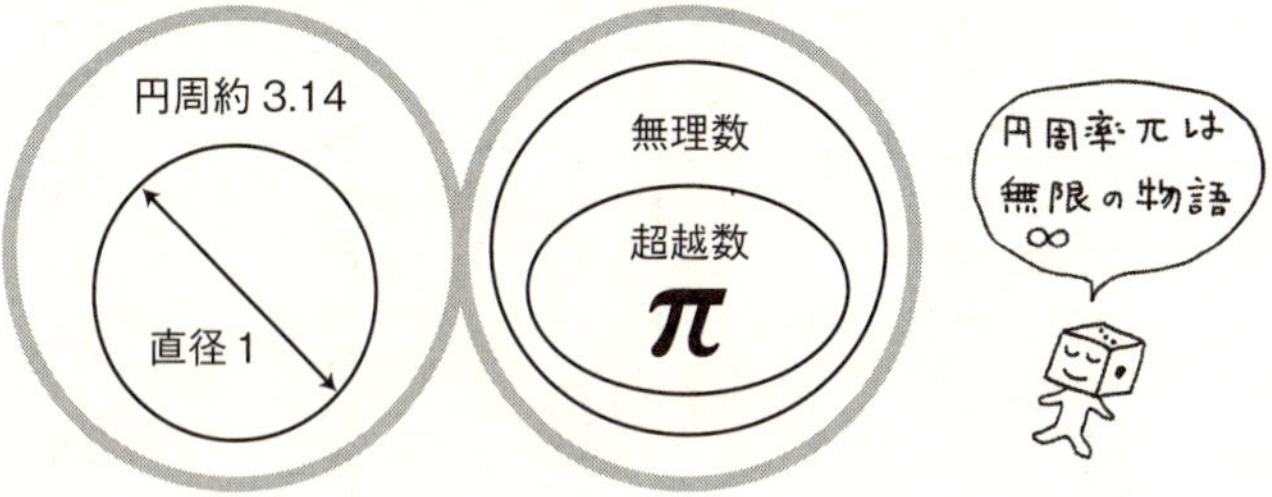


桁まで到達しました。こうした流れは数学の発展を如実に物語っています。

## πは終わらない

発展した数学は一七六一年、πが無限で循環しない小数「無理数」であることを明らかにします。さらに一八八二年、方程式の解では示すことができない「超越数」であると証明されました。

私たちを「無限」という果てしない世界に導いてくれたπ。それは、今なお解明し尽くされないネバーエンディングストーリーを含んでいます。私たちはこれからもπとともに発展を続けていくのです。

# 無限にも大小がある？

## 自然数と偶数はどちらが多い？

1、2、3……と自然数は無限に続きます。その中に偶数も含まれますが、自然数と偶数はどちらの方がたくさんあると思いますか？

多くの人は「もちろん自然数だ」と答えるのではないでしょうか。

確かに10までの自然数に限って考えると、偶数は半分の五個です。ところが、自然数を「無限」の中で考えると、偶数は半分どころか自然数と同じだけあるといえます。「無限」の世界は奥が深いのです。

## 小さい無限と大きい無限

その自然数の無限は、いわば「小さい無限」といえます。さらに「大きい無限」のあることが十九世紀後半に証明されました。簡単に言いますと、まず数直線上の

◆無限の世界はミステリー

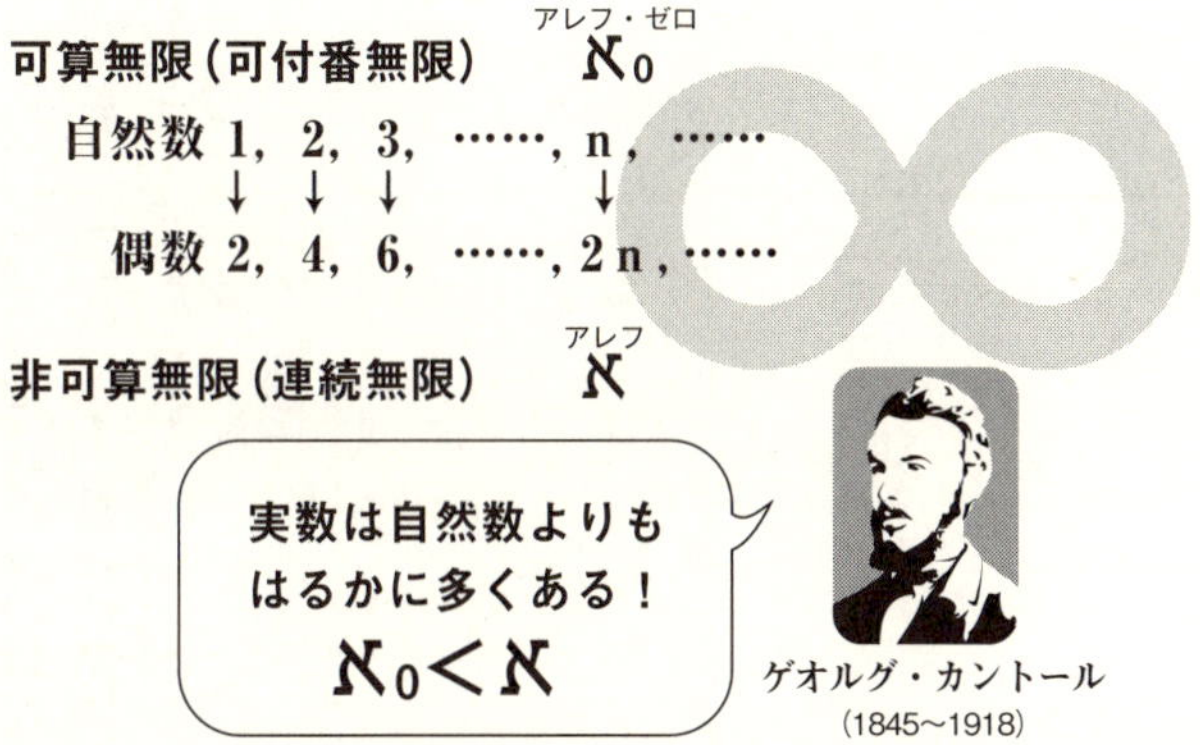


点を考えてみてください。
点がぎっしりと敷き詰められて直線ができますが、無限に並べられた自然数の点だと、直線はスカスカですき間だらけになってしまいます。さらに有理数（分数）の点を無限に付けくわえても、まだすき間は残ります。
もっと「大きい無限」の点がぎっしりと敷き詰められて、ようやくすき間がなくなるのです。
つまり、実数は自然数や有理数よりも「大きい無限」を持っているのです。円周率πやオイラーの公式に登場したネイピア数eなどの「超越数」も「大きい無限」を持つ数です。

私たちが知っている数は数全体のほんの一部にすぎません。圧倒的に多い超越数をほとんど知らないのです。数の世界は分け入っても果てのない、まさにミステリーワンダーランドなのです。

# Part Ⅲ

# ロマンティックな数学

# 「1 0」と数学者ガウス 数の歳時記①

## 数は生きている

歳時記とは、『広辞苑』には、

**一．一年のうち、そのおりおりの自然・人事百般の事を記した書。歳事記。**

**二．俳諧で季語を分類して解説や例句をつけた書。俳諧歳時記。**

とあります。

数の世界には時間がありません。この宇宙の森羅万象は、時の流れの中に存在します。しかし、数はその時の流れを超越して存在します。「1」はいつまでも古びることなく「1」のままです。

もしかしたらと私はひそかに感じていることがあります。数の世界には私たちには感じられない、数独自の世界に流れる時間があるのではないかと。

なぜそのように感じるのか。

それは、「数は生きている」と思うからです。命あるものがそのリズムを持つように数もリズムを持っています。「生命の躍動」が数にもあるのです。数千年の数学発展の歴史がそれを証明し続けてきました。

様々な世界に生きる数たちは、きっとその世界に流れる時間の中に生きているのです。見えないけれど確かに在る数たちと、その世界に流れる時間。それを「数の歳時記」として紹介していきたいと思います。

## 「100」は「たくさん」を意味する

「100」は、「多い、大きい」の意味に用いられます。「百景」「百選」「百科事典」などともいいます。しかし、考えてみると「数の多さ」では「1000（千）」「10000（万）」もあるはずです。

しかし、「千景」「千選」「千科事典」とはいいません。それでは数を小さくして、10はどうでしょうか。「一から十まで」の十は、最初から最後までの最後の意味で使われています。しかし、「十科事典」では違和感があります。

100は10よりも「細かい」数です。私たちは、全体を分割するときにも十割と百分率（パーセント）を使い分けています。100には「一〇〇パーセント＝十割＝一（すべて）」というニュアンスも含まれているのでしょう。

そう考えると、百景、百選、百科事典は「景色や知識をすべて網羅した」という意味合いを持っていることになります。

## 十八世紀ドイツの天才的数学少年

今から二百年前、ドイツの小学校の先生は、教室の生徒に向かって尋ねました。

「1から100までの自然数をすべて足すといくつになるかな？」

1から10まででは小さすぎて問題にはなりません。先生も、100はちょうどいい大きさの数だと思ったのでしょう。生徒たちも一生懸命に計算をはじめました。

「1＋2＋3＋……」と、順に100まで登る勢いだったことでしょう。しかし、生徒の中に一人、みんなとは別ルートで頂上を目指した者がいました。

その少年は、数学の歴史に燦然（さんぜん）と輝くカール・フリードリッヒ・ガウスという名前の持ち主でした。ガウス少年は、100を求める計算はそれほど難しくないと考えたでしょう。しかし、クラスメートと同じように「1+2+3+……」と100まで計算することは、計算の名手であったガウスにとってあまりにつまらなかったのです。

## ガウスが残した伝説の名言

数学者ガウスは一七七七年、ドイツに生まれました。彼は三歳で父親の計算の誤りを指摘するほどの数学的才能を持っていました。ガウスは語っています。

「私はものを言うより前に数を数えることをおぼえた」

ガウスは十歳の頃に、学校の先生が「絶対に解けないだろう」と出題した、連続する数の足し算の問題をあっという間に解いてしまいます。驚いた先生は、「この子に自分には教えることは何もない」と語り、ガウスに数学の専門書を与えたのです。

数学の天才ガウスの噂は、街中をかけめぐりました。十五歳になる頃には、ガウスは素数を眺めながら、眠りにつくことを習慣としていました。そして「素数定理」といわれる美しい定理を予想しました。

その後、言語学を学んだガウスは、十八歳で数学者になるか言語学者になるか己の進路に迷います。そんな彼の目の前に現れたのが「正一七角形を定規とコンパスだけで作図する方法」の問題でした。過去二千年間、誰にも解かれていなかった難問です。

ガウスは、寝ても覚めてもこの問題に取り組みました。「もしこの問題を誰よりも先に解いたなら、僕は数学者になろう」とひとり心に決めていたのです。

そして、ガウスが数学者になる運命の時が訪れます。一七九六年のある朝、目覚めたガウスの頭の中に、この問題の答えが舞い降りたのです。難問を解いたガウスはこの時、数学者になることを決心しました。

天職と出会ったガウスのその後の快進撃は、とどまるところを知りませんでした。

整数論、代数学、複素数など未知なる数学世界を、たった一人突き進んでいきます。

一八〇一年に、ガウスは最小二乗法を応用し、小惑星ケレスの軌道計算を行い、実際にケレスは発見されました。一八〇七年にその功績によりゲッチンゲンの天文台長になりました。机の上から天上界までガウスの計算の旅は続いたのです。

ガウスはまた自分の考えた理論の証明には、とことん力を注ぎました。微分幾何学、曲面の研究もガウスがはじめたものです。その理論の検証のために、ガウスは自ら三つの山に登り、測量も行いました。

このように、偉大な数学者ガウスは、意外にも大学教授にも教師にもなったことがありません。ガウスにとって数学を研究する最大の報酬は、数学それ自体の美しさと調和の発見にあったからでしょう。

七十七歳まで生きたガウスは、数学のあらゆる分野を開拓し、最高の業績をあげました。質、量ともに彼ほどの仕事をした人は、彼の前にも後にも現れていません。

ガウスは生まれてから死ぬまで数学者として生き抜いたのです。

彼は、茨の計算の果てに、美しく感動的な数学世界があることを、私たちに教えてくれました。

## ガウスはグラフに「形」を見た

少年ガウスは1から100までを攻略するルートをじっくり考えたはずです。「1＋2＋3＋……＋98＋99＋100」を棒グラフに見立てると階段状になります。ガウスは、この計算にひそむ「ガタガタの〝形〟」に気が付きました。

数の足し算を〝形〟に変換すること。それは後に整数論と幾何学の頂上を目指したガウスにとってはごく自然な発想だったに違いありません。形には、大きさはあまり関係なくなります。それが、100であっても1000であっても形は同じなのです。

前述の計算の「ガタガタの形」は台形として見ることができます。台形の面積の求め方は「(上底＋下底)×高さ÷2」ですね。上底が「1」、下底が「100」、高さが「100」だとすると、「(1＋100)×100÷2」で、あっという間に「5050」という解答にたどり着きます。

100が別の数になったとしても、この求め方で解くことができます。

高校の数学で習う公式は、まさにこのガウスの考え方で説明することができま

## ◆ガウスはこのように考えた！

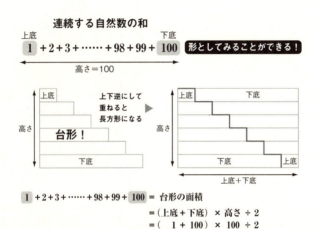

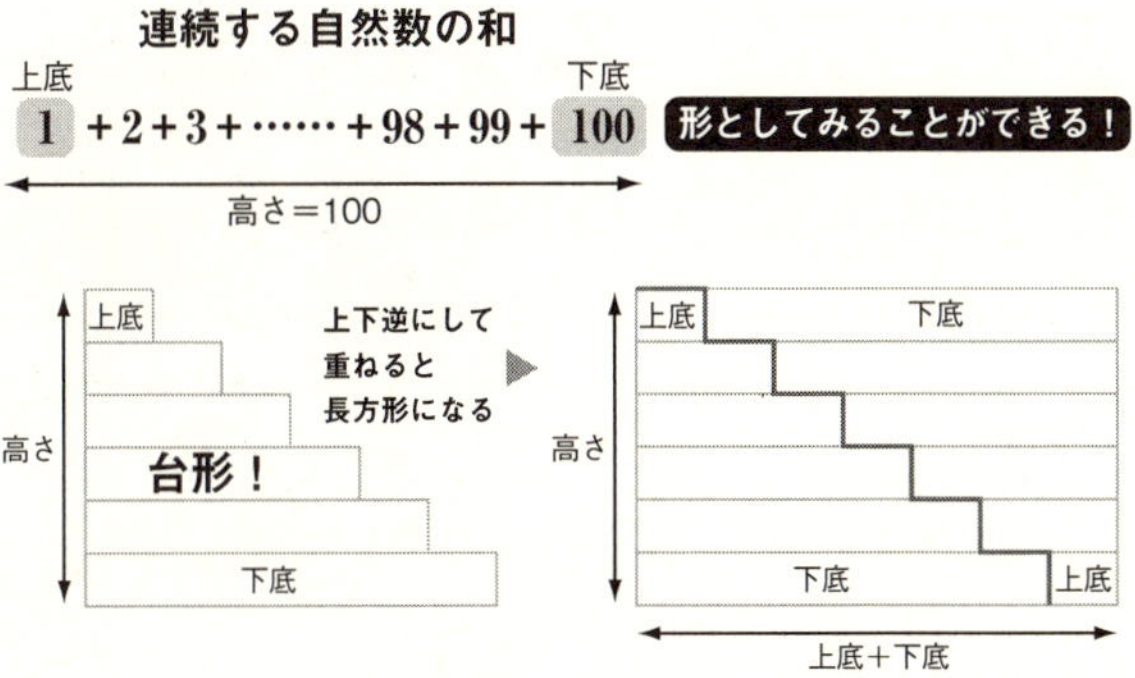


1 +2+3+……+98+99+ 100 ＝ 台形の面積

＝（上底＋下底）× 高さ ÷ 2

＝（ 1 ＋ 100）× 100 ÷ 2

＝（ 101 ）× 100 ÷ 2

＝ 5050

す。

ガウスは、以前にこの問題を考えたことがあったのでしょうか。そうであれば答えは即答であったはず。つまり、このときはじめてこの問題を考えたのでしょう。そう考えると設問が100でちょうどよかったといえます。

もし「1から10までの自然数をすべて足すといくつになるかな?」という問題ならば、このような発想を生む必要がなかったはずです。100を選んだ先生は、数学的センスがあったのかもしれません。

◆等差数列の和の公式

**等差数列の和の公式**

$$(\text{初項})+\cdots\cdots+(\text{末項})$$
$$=\frac{1}{2}\times(\text{項数})\times\{(\text{初項})+(\text{末項})\}$$

$$\underbrace{1+2+3+\cdots\cdots+98+99+100}_{100\text{項}}=\frac{1}{2}\times100\times(1+100)$$
$$=50\times101=5050$$

◆高校の数学で習う公式

$$1+2+3+\cdots+n=\sum_{k=1}^{n}k=\frac{1}{2}n(n+1)$$

# 「10」と十人十色

## 数の歳時記②

### 数学者よりも速く計算する方法

「十人十色」は「人それぞれ」であることを言い表した言葉です。考えてみると、数学は「十人十色」です。なぜならば、同じ計算でも、様々な方法で計算することができるからです。

1から100までの和を計算してみせたガウスの方法（一二一ページ参照）は、一般に「等差数列の和の公式」と呼ばれるものです。

自然数は等差数列（公差1）ですから、例えば234から645までの自然数の和をあっという間にこの公式で計算できてしまいます。どんな大きな数でも等差数列なら適用できるわけです。

これが逆に小さい数である「10個の数の足し算」ならば、ガウスよりもうまい方法が考えられます。次ページの図を見てください。小さい順に「いち、に、さ

## ◆例えば、234から645までの自然数の和を計算してみよう

**等差数列の和の公式**

$$(\text{初項})+\cdots\cdots+(\text{末項})=\frac{1}{2}\times(\text{項数})\times\{(\text{初項})+(\text{末項})\}$$

$$\underbrace{234+235+236+\cdots\cdots+643+644+645}_{412\text{項}}=\frac{1}{2}\times 412\times(234+645)$$

$$=206\times 879=181074$$

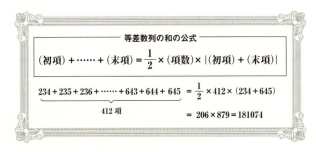

## ◆すぐにできる！10個の数の足し算

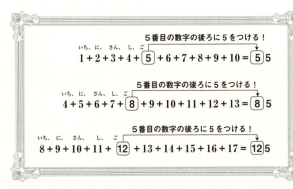

5番目の数字の後ろに5をつける！

いち、に、さん、し、ご

$1+2+3+4+\boxed{5}+6+7+8+9+10=\boxed{5}5$

5番目の数字の後ろに5をつける！

いち、に、さん、し、ご

$4+5+6+7+\boxed{8}+9+10+11+12+13=\boxed{8}5$

5番目の数字の後ろに5をつける！

いち、に、さん、し、ご

$8+9+10+11+\boxed{12}+13+14+15+16+17=\boxed{12}5$

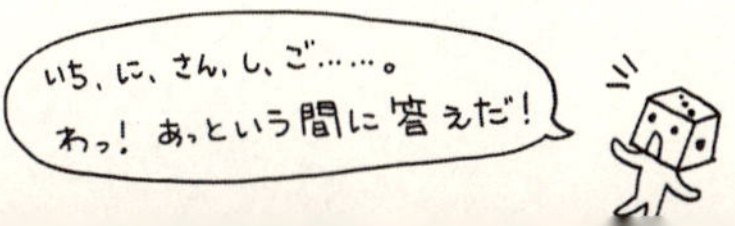

◆解けますか？10個の数の足し算

| |
|---|
| 777+778+779+780+781+782+783+784+785+786 = ？ |

ん、し、ご」と数えますね。その五番目の数字に続けて後ろに「5」を付け加えてみましょう。なんと、それが答えになります！

それでは問題です。上の図を見てください。

いかがでしょうか。

もうすぐにわかると思います。

答えは７８１５です。

これは明らかにガウスよりも速い計算法です。

**友達にも試したい超速計算**

なぜ「五番目の数字の後ろに5をつける」と答えになるのか。証明もいたって簡単です。五番目の数を「x」とします。

## ◆連続する10個の自然数の和

5番目

1番目　2番目　3番目　4番目　　6番目　7番目　8番目　9番目　10番目

$$(x-4)+(x-3)+(x-2)+(x-1)+x+(x+1)+(x+2)+(x+3)+(x+4)+(x+5)=10x+5$$

**5番目の数の後ろに5をつける！**

1 2 (3 4 5 6 **7** 8 9 10 11 12) 13 14 (15 16 17 18 **19** 20 21 22 23 24) 25

和 75　　和 195

すると一番目は「x－4」、一〇番目は「x＋5」と表されます。したがってこれら一〇個の数を足すと「10x＋5」になります。つまり、五番目の数を一〇倍して5を加えたのが答えです。

これをもっとシンプルに言い表すと「五番目の数字の後ろに5をつける！」となるわけです。

友達に、適当に連続した自然数を一列に書いてもらい、その中から一〇個の数を選んでもらいます。そこで、あなたが、あっという間に足し算をしてみせればビックリされるでしょう。

一〇個の自然数で、気軽に楽しめる計算ゲームというわけです。

## 時空の構造は十次元?

現在10は十進法として数の数え方（記数法）の基本となっています。日常用いる数（金額、数量、容量、個数など）は、十進数で表されています。おそらく人類は存続する限り十進法を使い続けていくものと思われます。

万物の根源を探ることを目標としているのが物理学です。物理学の有力な仮説の一つに10と深い関係がある理論があります。

物質の究極の構造は、粒ではなく弦、それも超弦だとする「超弦理論（スーパーストリングセオリー）」です。

この理論は、驚くべき自然像をわれわれに提示しています。「超弦理論」は、素粒子を弦の振動として表します。弦の振動の違いが様々な粒子に対応します。そして「超弦理論」によれば、時空の構造は「10」次元であるというのです。

天は人間に一〇本の指を与え、そうして数を数えさせました。「じゅう」こそすべて。

十分はすなわち充分。
「じゅう」は「充ちる」ことを意味しています。
「じゅう」の調べは宇宙に響き渡っているのです。

# 1＋1＝2って本当？ 数の歳時記③

**数学はこんなに奥深い！**

「1＋1＝2」は簡単なことの代名詞としてよく取り上げられます。そこには「もっとも簡単な計算＝当たり前の代名詞」という意味が含まれています。それは本当に簡単で当たり前のことなのでしょうか。

**問題　1＋1を計算しなさい。**
**ただし、どのような条件の計算なのかをあわせて説明すること。**

## ▼その一「1＋1＝2」

### ◆1＋1＝?

$$1+1=3-1$$

$$1+1=1000-998$$

$$1+1=10\div 5$$

$$1+1=\sin\frac{\pi}{2}+\log_e e$$

$$1+1=\cdots\cdots$$

もっとも一般的な計算は、十進数の計算です。そして、+は加法（足し算、加算）を表す演算です。「加法」の演算が自然であるのは、それは物の個数、つまり自然数の加算がもとになっているからです。

私たちは何かが「たくさん」あると、それらを集計しようとする習性があります。

それは、農業や測量といった中で身につけた「数学的作業」といえるでしょう。「1＋1＝2」とはそもそも「1個＋1個＝2個」「1平方メートル＋1平方メートル＝2平方メートル」「1頭＋1頭＝2頭」だったわけです。

「1＋1＝?」。実は、この問題の右辺は、いくらでも考えることができます。

## ▼その二「1＋1≡0」

合同式の計算です。合同式とは余りで分類する計算のことです。

正確には、「1＋1≡0（mod 2）」と記述します。

【定義】整数a、b、p、kが「a－b＝kp」を満たすとき、aとbはpを法として合同であるといい、a≡b（mod p）と表します。

整数をある自然数で割ったときの余りで分類するという考え方です。例えば、「12≠7」は、「12≡7（mod 5）」となります。12も7も「5で割った余り」はどちらも2で等しいということです。12と7は同じグループに属しているということです。

実はこの計算は私たちが毎日行っているものです。

おわかりになりますか。

それは、時間です。十三時は午後一時、二十時は午後八時、二十五時は午前一時。これを、合同式で表すと、「13≡1（mod 12）」「20≡8（mod 12）」「25≡1（mod 12）」になるのです。

時計は十二時間で一周りします。これはまさに合同式なのです。数学者ガウス（一七七七〜一八五五）は、この「余り」に着目しました。そして、美しい数式で、整数論の画期的な発見をしていくことになりました。

ガウスは自らこの計算を振り返っています。

「この新しい計算法（合同式）の長所は、しばしば起こってくる要求の本質に応じているので、天才にだけ恵まれているような無意識的な霊感がなくても、この計算法を身につけた人なら誰でも問題が解ける、という点にある。まったく天才でさえ途方にくれるような、こみ入った場合にも機械的に問題が解けるのである」

あらためて、「1＋1≡0（mod 2）」を見てみましょう。「mod 2」は「2で割る」ということですから、余りは0か1です。

これはそれぞれ偶数か奇数ということです。左辺の「1＋1」は2ですから偶数で、「mod 2」では「0」となるわけです。

### ▼その三「1＋1＝1」

論理演算は、1（真）か0（偽）の入力値に対して一つの値を出力する演算です。論理和（OR）は入力値のいずれかに1が入力されたときに出力値1となり、それ以外の入力値のときは出力値0になります。

真理値表

| A | B | A＋B |
|---|---|---|
| 0 | 0 | 0 |
| 0 | 1 | 1 |
| 1 | 0 | 1 |
| 1 | 1 | 1 |

## ▼その四「1＋1＝10」

これは二進数の加法としての計算です。十進数と二進数を比較してみましょう。二進数は0と1の二つで記述するので、左の表のようになります。

| 十進数 | 二進数 |
| --- | --- |
| 0 | 0 |
| 1 | 1 |
| 2 | 10 |
| 3 | 11 |
| 4 | 100 |
| 5 | 101 |
| 6 | 110 |
| 7 | 111 |
| 8 | 1000 |
| 9 | 1001 |
| 10 | 1010 |

二進数の「1＋1」は十進数に変換して考えると「1＋1」となり、2です。二進数に変換すれば10ということになります。

もちろんいちいち十進数に変換することなく、二進数の表を眺めれば「1＋1」の意味は「1」の次の数に相当しますから、10だとわかりますね。

## ▼その五「1+1=2」

「その一」と同じように見えますが、ちゃんと異なる解釈（条件）があります。その一は十進数の計算でした。

それでは、十進数以外のケースでは「1+1」の計算はどうなるのでしょうか。「その四」は二進数のケースでした。三進数では数は0、1、2の三つなので「1+1=2」となります。四進数では数は0、1、2、3の四つです。やはり「1+1=2」となります。計算機に登場する十六進数では数は0、1、2、3、4、5、6、7、8、9、A、B、C、D、E、Fの一六個です。やはり「1+1=2」となります。つまり、「1+1=2」は三進数以上で成り立つ計算ということです。これが同じ「1+1=2」でも「その一」と異なるところですね。

## ▼その六「1+1=11」

「+」は文字列結合を表します。

一般的に、任意の文字列a、bに対して、それらを結合させた文字列abをつくることを「a+b=ab」と表します。

例えば「Sakurai + Susumu = SakuraiSusumu」ということです。

計算機の中の文字処理に利用される文字式の演算です。ですから、「1+1=11」の「1」や「11」は「数ではなく文字」を表しています。

## ▼その七「1+1=1」

気体の量の計算です。1リットルと1リットルの気体を混ぜ合わせて圧力を調整すれば1リットルの気体にできます。

つまり、「1リットル+1リットル=1リットル」です。

液体で考えれば、1リットルのボトル二本の水を二リットルのボトル一本に混ぜ合わせることを考えると、「1リットル+1リットル=2リットル」であり、「1本+1本=1本」であるともいえます。

## ▼その八「1＋1＝101」

これはナゾナゾとしてはいいかもしれません。

適当な単位を補えば1［？］＋1［？］＝101［？］になります。

どんな単位を付けたのでしょうか？

「1メートル＋1センチメートル＝101センチメートル」という具合です。

「その七」の例は、数に付く単位がすべて同じなので、「1＋1＝2」「1＋1＝1」は単位を省略した式として見ることができます。

しかし、この例では単位がバラバラですから「単位を付けなければ意味がわからない式」です。

そもそも「数」の計算は「量」の計算から生まれてきました。その昔、狩りをしてつかまえた獲物を数える計算は足し算「1頭＋1頭＝2頭」だったわけです。量とは、数と単位でできたものです。

量＝数× 単位

人類がよりよく生きるために、数は発見されました。そして、そこから数が抽出されて「数の理論」がつくられていくことになりました。

## ▼その九「1＋1＝？」

「1＋1＝？」の計算は、人類の発展とともに考えだされた様々な計算の軌跡だったといえます。量の計算、N進数、抽象的な代数演算、計算機科学、論理演算といった世界に「1」と「＋」は必然的に登場してきたのです。

これからも、数とともに生きる私たちの目の前に、新しい「1」と「＋」が現れてくることでしょう。

次の「1＋1」の答えを発見するのはあなたかもしれません。

それではもう一度。

**「1＋1＝？」はいくつある？**

さあ、いかがでしょうか。

# 皆既日食と円周率

## 数の歳時記④

### 七月二十二日は何の日？

日本の「七月二十二日」を調べてみると、「下駄の日」「著作権制度の日」「ナッツの日」が見つかります。

どれも、七と二十二にちなみ制定されたようです。それに対して、世界の「七月二十二日」は「円周率の日」となっています。

また、円周率π（３・１４……）にちなみ、三月十四日が多くの国で「円周率の日」です。

日本では、日本数学検定協会（数検）が三月十四日を「数学の日」としています。日本パイ協会では、三月十四日を「π（パイ）」にちなんで「パイの日」としています。アメリカでは、アップルパイをほおばりながらπを祝うパーティが開かれたりするそうです。なかなか楽しそうですね。

## ◆7月22日を割り算すると……

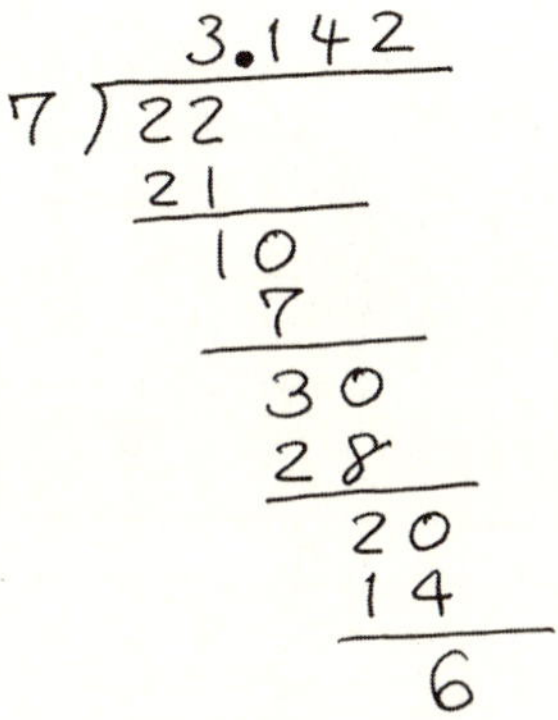


さて、七月二十二日を「7分の22」と見て「22÷7」を計算してみましょう。さっと書いてみました。

上記のようになります。

「π＝3・1415926535……≒3・142」つまり、円周率の近似値になっています。これが、七月二十二日が「円周率の日」である理由です。

また、世界で最初に円周率を計算により求めたのはギリシャの数学者アルキメデスです。アルキメデスが「7分の22」を用いて計算したのですから、七月二十二日は「πの日」として由緒正しい日といえるでしょう。

日本数学協会では、七月二十二日から八月二十二日を数学月間としています。八月二十二日は「8分の22」と見て「22÷8＝2・7……」。これは円周率と並んで重要な数学定数であるネイピア数「e」（指数関数と自然対数の底）の値です。πからeの一カ月間は、まさに数学月間にふさわしいといえるでしょう。ちなみに、十二月二十一日を「円周率の日」としているのは中国です。これは、この日が一月一日から数えて三百五十五日目に当たるからです。「355」はやはり円周率を表す数であり、「355÷113＝3・14……」となります。

これは、中国の南北朝時代の数学者祖沖之（そちゅうし）（四二九〜五〇〇）によって得られた結果です。実際に計算してみましょう。次ページの図をみてください。

なんと小数点以下六桁まで、正しい値であることがわかります。このように一年のうちに、「円周率の日」は三日もあり、年末に近づくにつれて、だんだんと正確な値に変化していくのです。

## 分数はなぜ有理数？

紀元前二千年から探求されてきた円周率πですが、その値は長い間、分数で表さ

## ◆355÷113は円周率？

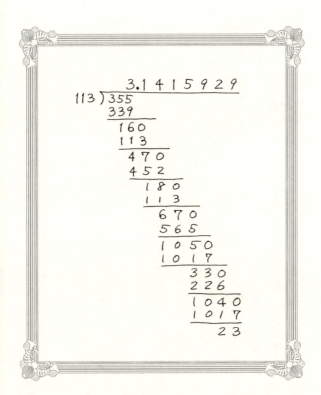

```
         3.1415929
113 ) 355
      339
      ---
       160
       113
       ---
        470
        452
        ---
         180
         113
         ---
          670
          565
          ---
          1050
          1017
          ----
            330
            226
            ---
            1040
            1017
            ----
              23
```

◆3、7、12月の円周率（π＝3.1415926535……）

| | | |
|---|---|---|
| 3月14日 | 3.14 | 小数点以下2桁が一致 |
| 7月22日 | 22 ÷ 7=<br>3.142…… | 四捨五入して小数点以下3桁が一致 |
| 12月21日 | 355 ÷ 113=<br>3.141592…… | 小数点以下6桁が一致 |

れていました。西洋で小数が使われはじめるのは今から四百年前に過ぎません。

1より小さい数の表現手段は分数しかなかったのです。英語で分数の直訳は、「fraction」であり、破片、断片、小部分、分割という意味です。また、分数を表す記号斜線（／）は「division sign」といい、この「division」も、やはり分割という意味です。

ところで、数学の世界では「分数」を「有理数」と呼びます。みなさんは数学の教科書で、有理数という新しい言葉に出会ったときのことを覚えてい

◆有理数を英語にすると……

**比とは計算**

ラテン語 Ratio = 計算すること

英語 Ratio = 比

Rational = 合理的な、論理的な、理性的な

Rational Number = 有理数（分数）
有比数

ますか？

なぜ、わざわざ分数ではなくて有理数などと呼ぶようにしたのでしょうか？

教科書にはもちろんその理由は書かれていません。つぎに無理数（分数で表すことができない数）という数も習います。この段階で、多くの生徒は、「有理数と無理数はセットとして意味を持つ」ことに気付きます。しかし、そもそもの有理数と無理数の言葉の由来はやはりわからないままです。

その謎解きをしていきましょう。

ヒントは有理数の英訳「rational number」にあります。この「rational」

をよく調べてみると興味深いことがわかります。普通の英語辞典を見れば、形容詞「rational」の名詞形は「ratio」であり、「ratio」とは「比」であることがわかります。

つまり、形容詞「rational」は「比なる」という意味なのです。なるほど、分数は分子と分母の二つの数の比だから「rational」、つまり「比なる」数だということです。

しかし、rational number は「比なる数」ではなく「有理数」、すなわち「理が有る数」と訳されています。

いったいどういうことなのでしょうか。

なんだか英語の授業のようですが、つぎに、英語大辞典で「ratio」の語源を調べてみます。そうすると、なぜ現代英語で「ratio」が「比」という意味になったのかがわかります。

実はラテン語で「ratio」には「計算」という意味があったのです。「ratio」は「計算すること」から「比」に通じ（なぜなら比こそ計算すべき対象だから）、「rational」は「計算的な」となり、「合理的な」になっていくのです。

有理数はそもそも「有比数」なのであり、その反対の無理数（$\sqrt{2}$や$\pi$など）は、分数で表すことができない数、すなわち「非比数」とでも呼ぶべき数なのです。そうすると、「rational number」はもともと「比なる数」であったのに、「合理的な数」すなわち「理が有る数」が採用されたことになります。

なぜ後者に軍配があがることになったのでしょうか？

それを知るには、今度は歴史の授業です。古代ギリシャにまで時代をさかのぼる必要があります。

## ピタゴラスの「万物の根源は数なり」

古代ギリシャの数学者ピタゴラスは「万物の根源は数なり」と言ったと伝えられています。この「数」とはいうまでもなく自然数のことです。ピタゴラスの時代、自然数こそが計算できる数、つまり「理性の象徴」ともいうべき存在ととらえられていました。

分数は、二つの自然数の比として考えられる（計算できる）数にほかなりませんでした。そうでない数は「非理性的な」という意味になり、排斥されるべき「考え

◆円周率$\pi$の計算の歴史

| | | | |
|---|---|---|---|
| $\left(\frac{16}{9}\right)^2=3.1\cdots$ | 紀元前2000年 | **古代エジプト** |
| $\frac{22}{7}=3.14\cdots$ | 紀元前250年 | **アルキメデス** |
| $\frac{355}{113}=3.141592\cdots$ | 480年 | **祖沖之** |
| $\frac{103993}{33102}=3.141592653\cdots$ | 1748年 | **オイラー** |

てはいけない存在」だったのです。

そんな中、$\sqrt{2}$が分数で表されない数であることがわかってきました。ピタゴラス学派は騒然となりました。幾何学的に実在が疑いようのない数$\sqrt{2}$が、自然数で考えることができない数であるのだから、まさに一大事です。

なぜならば、ピタゴラスの考え「万物の根源は数なり」に反するからです。

伝え聞く話として、このいまわしい証明の発見者ヒッパソスは船の難破で命を失ったそうです。五世紀、ギリシャ哲学者プロクロスがつぎのように言っています。

非理性的なもの、様式を乱すものはすべてひみつのベールに隠しておくべきだと、その伝説の作者は言いたかったのだ。そこに忍び込みひみつを暴こうとする魂は、流転の海の中に引きずり込まれ、絶え間ない流れに呑まれ溺(おぼ)れ死ぬのだ。

しかし、この話は荒唐無稽どころか、ピタゴラスの時代から二千年以上の時をへて真実の物語となっていったのです。

現代では、$\sqrt{2}$や$\pi$は分数で表せない数、無理数だということは知られています。しかし、この無理数の正体を「理解する」ことは、そう優しいことではありませんでした。円周率$\pi$が無理数であることが証明されたのは、なんと一七六一年になってからのことでした。いかに無理数を捉えることが困難であったかを如実に物語っています。

無理数である$\pi$を無理数として表すことは、まさに「無理」だったのです。

円周率が「(16÷9)の2乗≒3・1」から「22÷7≒3・14」と判明するまで、

### ◆結論！　無理数は……

**比とは計算、そして理性的**

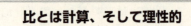

ラテン語　Ratio ＝ 計算すること
英語　Ratio ＝ 比
Rational ＝ 合理的な、論理的な、**理性的な**
Rational Number ＝ 有**理**数、**理**性的な数
有**比**数

**Ir**rational Number ＝ **無理**数、非比数
有理数に反逆した数、**非理性的な**数

なんと二千年近くかかっています。その後も円周率πは長い間、分数でしか表すことができませんでした。

### 「無理数」って何？

四百年前、小数点が発明されたことで、ようやく分数を超えて「無理数」への挑戦がはじまりました。

分数で表すことができない数、無理数の英訳は「irrational number」です。「irrational」とは「rational でない」という意味です。

この「irrational」からは、「比に非ず」と「非合理的」の両方のニュアンスが伝わります。ところが、この英語をは

◆日食が円周率の日に訪れた！

2009/7/22

この世に
円周率が
なかったら……

じめて日本語に訳した昔の日本人数学者たちは、「非合理的」を採用して、「無理」という言葉をあてたのです。

この訳語は、人類が長い間、「比に非ず」の数を扱うことが、まさに「無理」だったことを上手に言い表しています。

ですから、分数つまり「比なる数」はその反対で、「有理」とすることが最適だったわけです。

数の正体としての表現であれば、有比数と非比数と訳されてしかるべきですが、実にうまい言葉をあてたものだと感服せずにはいられません。

ピタゴラスから現代までを振り返るとき、分数こそが「rational（合理的、理性的）」でした。分数でない数が「rational」に扱われるようになったのはつい最近のこと。

有「理」数と無「理」数、どちらにも「理」があることが大切です。この「理」の言葉のおかげで、数学と人類の歩みに思いを馳せることができるのではないでしょうか。

それでは、そのピタゴラスらが非理性的だと排斥せざるをえなかった数、無理数に理性的に立ち向かった人類が獲得した「理」とは何だったのでしょうか。

いったい「無理数」の何が「無理」だったのでしょうか。

答えは「無限」です。「無限」の「理」を見つけだすことで、私たちは数に対して「実数」(real number)という輝かしい名前をつけるにいたったのです。

**二〇〇九年七月二十二日の皆既日食**

二〇〇九年の七月二十二日は皆既日食に巡り合える特別な日でした。太陽こそが、命の丸。丸い太陽は円周率πが宿る母体のようでもあります。

外国では三月十四日の「円周率の日」には、「この世に円周率がなかったら……」と考えることで円周率の役割を考えるイベントがあると聞きます。

日中に太陽が消える日は、まさに円周率が消える日。

もし、円周率がいつまでも隠れた存在だったら現在の文明はどうなっていたでしょうか。天文学の発展は数学の発展の大きな源泉でした。私は、日食の当日に七月二十二日（7分の22）という有理数（rational number）を思い浮かべながら、合理的な（rational）思考を継続させてきた人類の歩みを振り返りました。

# AMラジオは9の倍数

## 数の歳時記⑤

### 954、1134、1242って何の数？

954、1134、1242と聞いてぴんとくる方はラジオ好きの人かもしれません。それぞれTBSラジオ（JOKR）、文化放送（JOQR）、ニッポン放送（JOLF）の周波数（キロ・ヘルツ）です。

日本を含むアジア、オセアニアのAMラジオ周波数割り当て範囲は、「531キロ・ヘルツ」から「1602キロ・ヘルツ」となっています。それでは、その範囲に先に挙げたような放送局の周波数はどのように割り当てをされているかは意外と知られていません。

「1134－954＝180」
「1242－1134＝108」

この二つの差はどちらも9の倍数です。みなさんご存じのAMラジオ放送局の周波数二つの差を計算してみてください。かならず9の倍数になります。ちなみに東京でのNHK第一は594キロ・ヘルツ、NHK第二は693キロ・ヘルツです。

「693－594＝99」

確かに差は9の倍数です。このようにAMラジオ放送局の周波数は「9キロ・ヘルツ」間隔で割り当てられているのです。これを「搬送波間隔」といいます。ついでにいうと、はじまりの周波数「531キロ・ヘルツ」が、「531＝9×59」と9の倍数なので、AMラジオ放送局の周波数はすべて9の倍数ということになります。

「954＝9×106」
「1134＝9×126」
「1242＝9×138」

ところで、9の倍数である数は、その桁すべての和も9の倍数になるという性質があります。

「954→9＋5＋4＝18（9の倍数）」

「1134↓1+1+3+4=9（9の倍数）」
「1242↓1+2+4+2=9（9の倍数）」

AMラジオ放送局の周波数についてすべての桁の和を計算してみると、ほとんどが9か18という9の倍数です。

しかし、ただ一つだけ「27」になる局があります。どの放送局でしょうか。探してみてください。正解はNHK第一放送（福山）の999キロ・ヘルツです。

**一九七八年十一月二十三日午前九時**

私が「搬送波間隔」を知ったのは、一九七八年のことでした。この年の十一月二十三日午前九時に、搬送波間隔が「10キロ・ヘルツ」から「9キロ・ヘルツ」に変更されたのです。

つまり、日本中でAM放送局の割り当て周波数が変更されたのです。これは放送局にとっては一大イベントでした。放送局の送信機の心臓部分が変更されるのですから、リスナーにとっても一生に一度あるか無いかの貴重な体験でした。

私が住んでいた山形では、山形放送（JOEF）は「920キロ・ヘルツ」から

「918キロ・ヘルツ」に変更されましたが、その日に向けて大騒ぎだったのを覚えています。

二〇一一年のテレビ地上波放送のアナログからデジタルへの切り替えに伴うチャンネル番号変更のようなものです。

ただ違うのは「地デジ」が「デジタル」であるのに対して、AMラジオはアナログからアナログへの切り替えでした。

周波数変更の瞬間に、ラジオを愛する多くの人々が、いっせいにチューニングダイアルを手動で回し、息をひそめて新しい周波数に合わせた光景を想像すると、どこか心が温まります。

## 振幅変調(AM:Amplitude Modulation)

そもそもAMラジオのAMとは「振幅変調(AM:Amplitude Modulation)」のことです。その原理を簡単に説明すると、アナウンサーの音声(数百〜数キロ・ヘルツ、低周波数)をベースになる電波(高周波、搬送波)に乗せて遠くまで運ぶ送信方法のことです。

放送局はアナウンサーの音声を「変調」した電波を送信し、ラジオ受信機はその電波を受信し「復調」することでアナウンサーの音声を取り出しているのです。ラジオの周波数とは、この搬送波の周波数のことをさしています。

このように日本中のAM放送局の周波数は「9キロ・ヘルツ飛び」に割り当てられています。左の図は、AM放送局の周波数です。

| kHz | 放送局 | サイン |
|---|---|---|
| 1251 | なし | |
| 1260 | 東北放送 | JOIR |
| 1269 | 四国放送他 | JOJR |
| 1278 | RKB ラジオ | JOFR |
| 1287 | HBC ラジオ | JOHR |
| 1296 | NHK 第一(松江) | JOTK |
| 1305 | なし | |
| 1314 | ラジオ大阪 | JOUF |
| 1323 | NHK 第一(福島)他 | JOFP |
| 1332 | 東海ラジオ | JOSF |
| 1341 | NHK 第一(水俣)他 | |
| 1350 | 中国放送 | JOER |
| 1359 | NHK 第二(豊橋)他 | JOCZ |
| 1368 | NHK 第一(高松)他 | JOHP |
| 1377 | NHK 第二(山口)他 | JOUC |
| 1386 | なし | |
| 1395 | AM 神戸他 | JOCE |
| 1404 | 静岡放送他 | JOVR |
| 1413 | KBC ラジオ | JOIF |
| 1422 | なし | |
| 1431 | 山陰放送他 | JOHL |
| 1440 | STV ラジオ | JOWF |
| 1449 | 西日本放送 | JOKF |
| 1458 | 茨城放送他 | JOYL |
| 1467 | NHK 第二(宮崎)他 | JOMC |
| 1476 | NHK 第二(飯田)他 | |
| 1485 | ラジオ日本他 | JORL |
| 1494 | 山陽放送他 | JOYR |
| 1503 | NHK 第一(秋田)他 | JOUK |
| 1512 | NHK 第二(松山)他 | JOZB |
| 1521 | NHK 第二(浜松)他 | JODC |
| 1530 | 栃木放送 | JOXF |
| 1539 | NHK 第二(徳之島)他 | |
| 1548 | なし | |
| 1557 | 和歌山放送他 | JOVN |
| 1566 | なし | |
| 1575 | AFN 岩国 | |
| 1584 | NHK 第一(島原)他 | JOBG |
| 1593 | NHK 第二(新潟)他 | JOQB |
| 1602 | NHK 第二(北九州)他 | JOSB |

※kHz＝キロ・ヘルツ

| kHz | 放送局 | サイン |
|---|---|---|
| 531 | NHK 第一(盛岡)他 | JOQG |
| 540 | NHK 第一(山形)他 | JOJG |
| 549 | NHK 第一(那覇) | JOAP |
| 558 | ラジオ関西 | JOCR |
| 567 | NHK 第一(札幌) | JOIK |
| 576 | NHK 第一(浜松)他 | JODG |
| 585 | NHK 第一(釧路)他 | JOPG |
| 594 | NHK 第一(東京) | JOAK |
| 603 | NHK 第一(岡山)他 | JOKK |
| 612 | NHK 第一(福岡) | JOLK |
| 621 | NHK 第一(京都)他 | JOOK |
| 630 | なし | |
| 639 | NHK 第二(静岡)他 | JOPB |
| 648 | NHK 第一(富山) | JOIG |
| 657 | なし | |
| 666 | NHK 第一(大阪) | JOBK |
| 675 | NHK 第一(山口)他 | JOUG |
| 684 | ＩＢＣ岩手他 | JODF |
| 693 | NHK 第二(東京) | JOAB |
| 702 | NHK 第二(広島)他 | JOFB |
| 711 | なし | |
| 720 | 岐阜ラジオ他 | JOZL |
| 729 | NHK 第一(名古屋) | JOCK |
| 738 | 北日本放送 | JOLR |
| 747 | NHK 第二(札幌) | JOIB |
| 756 | NHK 第一(熊本) | JOGK |
| 765 | 山口放送他 | JOPF |
| 774 | NHK 第二(秋田) | JOUB |
| 783 | なし | |
| 792 | NHK 第一(名護)他 | |
| 801 | 東北放送他 | JOIO |
| 810 | AFN 東京 | |
| 819 | NHK 第一(長野) | JONK |
| 828 | NHK 第二(大阪) | JOBB |
| 837 | NHK 第一(新潟)他 | JOQK |
| 846 | NHK 第一(宇和島)他 | |
| 855 | なし | |
| 864 | 栃木放送他 | JOXN |
| 873 | NHK 第二(熊本) | JOGB |
| 882 | STV ラジオ他 | JOWS |

| kHz | 放送局 | サイン |
|---|---|---|
| 891 | NHK 第一(仙台) | JOHK |
| 900 | 山陰放送他 | JOHF |
| 909 | STV ラジオ他 | JOVX |
| 918 | 山形放送他 | JOEF |
| 927 | NHK 第一(福井)他 | JOFG |
| 936 | 宮崎放送他 | JONF |
| 945 | NHK 第一(徳島)他 | JOXK |
| 954 | TBS ラジオ | JOKR |
| 963 | NHK 第一(青森)他 | JOTG |
| 972 | なし | |
| 981 | NHK 第一(佐世保)他 | |
| 990 | NHK 第一(高知) | JORK |
| 999 | NHK 第一(福山)他 | JODP |
| 1008 | ABC ラジオ | JONR |
| 1017 | NHK 第二(福岡) | JOLB |
| 1026 | NHK 第一(下関)他 | JOUQ |
| 1035 | NHK 第二(高松)他 | JOHD |
| 1044 | なし | |
| 1053 | CBC ラジオ | JOAR |
| 1062 | IBC 岩手放送他 | JODM |
| 1071 | STV ラジオ他 | JOWM |
| 1080 | なし | |
| 1089 | NHK 第二(仙台) | JOHB |
| 1098 | 信越放送他 | JOSR |
| 1107 | 南日本放送他 | JOCF |
| 1116 | 南海放送他 | JOAF |
| 1125 | NHK 第二(那覇)他 | JOAD |
| 1134 | 文化放送 | JOQR |
| 1143 | KBS 京都 | JOBR |
| 1152 | NHK 第二(高知)他 | JORB |
| 1161 | NHK 第一(豊橋)他 | JOCQ |
| 1170 | なし | |
| 1179 | MBS ラジオ | JOOR |
| 1188 | NHK 第一(北見) | JOKP |
| 1197 | 熊本放送 | JOBF |
| 1206 | なし | |
| 1215 | KBS 京都他 | JOBW |
| 1224 | NHK 第一(金沢) | JOJK |
| 1233 | 長崎放送他 | JOUR |
| 1242 | ニッポン放送 | JOLF |

ラジオの世界は、最近インターネット対応もはじまりましたが、私は、ラジオのダイアルを回す手の感覚、チューニングがされていく微妙な音の変化、デジタルではけっして味わうことができない「いい感じ」が好きです。

手作り感のある番組内容もどこかアナログ的ですね。ときには、アナログの良さをAMラジオを通して再認識してもいいのかもしれません。

# ミステリアス・ナンバー12　数の歳時記⑥

## 天才数学者と神秘の数

「12」の神秘に気付いた数学者ラマヌジャン。ラマヌジャン（一八八七〜一九二〇）は、インドが生んだ天才数学者です。「インドの魔術師」と呼ばれ、三十二年という短い生涯の中で、三二五四個の数学の公式を発見しました。

人並みはずれた計算力の持ち主で、数学の歴史にその名を刻むまでになったインドの天才は、「12」の力と出会います。

あるとき、ラマヌジャンを見出したケンブリッジ大学の数学者ハーディは病床のラマヌジャンに語ります。

「1729はつまらない数だ」

病床のラマヌジャンは跳ね起き、「ハーディ先生、1729は大変面白い数です」と反論します。「なぜ？」と問うハーディに対して、すかさず答えるラマヌジ

### ◆1729は面白い！

$$1729 = 10^3 + 9^3 = 12^3 + 1^3$$

### ◆ラマヌジャンが発見した公式

$$(x^2 + 9xy - y^2)^3 + (12x^2 - 4xy + 2y^2)^3$$
$$= (9x^2 - 7xy - y^2)^3 + (10x^2 + 2y^2)^3$$

$x = 1, y = 0$とすれば、$10^3 + 9^3 = 12^3 + 1^3$が現れる！

ヤン。

「1729は三乗数の二つの和として、二通りに表すことができる最小の数です」と。

確かに、「10×10×10＝1000」、「9×9×9＝729」、「12×12×12＝1728」、「1×1×1＝1」なので上の等式は成り立ちます。「1729が最小である」と即座に判断できるラマヌジャンは、「スゴイ」の一言でしかありません。

ハーディと共同研究をしていたリトルウッドは後に、伝記の中で「ラマヌジャンはすべての自然数と親友であった」と

**◆ラマヌジャンのゼータ関数とは……**

$$\zeta(s) = \sum_{n=1}^{\infty} \frac{\tau(n)}{n^s}$$

で表される。ここに $\tau(n)$ とは、

$$\Delta(z) = q\prod_{n=1}^{\infty}(1-q^n)^{24} = \sum_{n=1}^{\infty}\tau(n)q^n \quad (q = e^{2\pi iz})$$

をみたす数列である。
ラマヌジャンはこの $\tau(n)$ をたくさん計算した。

$\tau(1) = 1,\ \tau(2) = -24,\ \tau(3) = 252,\ \tau(4) = -1472,$ ……,
$\tau(10) = -115920,$ ……

述べています。まさに絶妙な表現です。

いかにしてラマヌジャンは1729と友人になったのでしょうか。

ラマヌジャンは前ページの下のような公式を発見しました。

これはどんな数 $x$、$y$ に対しても成り立つ恒等式とよばれるものです。確かにこの公式から「$10^3+9^3=12^3+1^3$」が現れます。

この公式から、ラマヌジャンは1729にまつわる興味深い性質を導き出したのでしょうか。その謎解きの鍵は、ラマヌジャンの業績の中で抜きんでて重要な「ラマヌジャンのゼータ

◆ラマヌジャンのΔ（デルタ）

$$\Delta\left(\frac{az+b}{cz+d}\right)=(cz+d)^{12}\,\Delta(z)$$

$$\Delta(z)=\frac{E_4(z)^3-E_6(z)^2}{1728}$$

関数」の中に見つけることができます。

難しい数式が続きますが、苦手な人はナナメ読みでも問題はありません。これから登場する数式から、その雰囲気だけでも感じてください。

このラマヌジャンのゼータ関数について、ラマヌジャンはある予想をつぶやきました。「ラマヌジャン予想」と呼ばれることになったその中身は困難を極め、その発見から六十年後の一九七四年、ドゥリーニュによって劇的に証明されます。

注目していただきたいのは上の式で

### ◆ラマヌジャンの手紙にも12があった

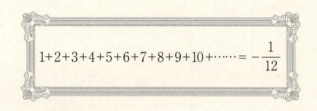

$$1+2+3+4+5+6+7+8+9+10+\cdots\cdots=-\frac{1}{12}$$

す。

ラマヌジャンのゼータ関数に登場するΔの式は、165ページの上の図のようになります。

ここに「12」が現れるのです。

さらにこのΔ(z)は165ページの下の図の関係式をみたします。

分母の「1728」こそ、先にみた「12×12×12」にほかなりません。

二十世紀の数学を揺るがしたラマヌジャンの発見は「12」に支えられたものだったのです。

そもそも、ラマヌジャンが一九一三年一月十六日にケンブリッジ大学のハーディに送った最初の手紙の中にも「12」がありました。上の図を見てください。

ラマヌジャンのゼータ関数にまつわる計算結果

## ◆ラマヌジャンは「とても大きな数」を予測した

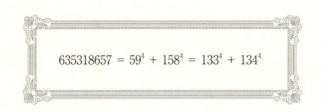

$$635318657 = 59^4 + 158^4 = 133^4 + 134^4$$

（ζ(−1)）を誇らしげにハーディに報告しています。十八世紀にオイラーがたどったのと同じ旅路を二十世紀初頭、ラマヌジャンは歩いていました。

ゼータ関数とは足し算の延長線上にあるものです。「1＋2＋3＋4＋5＋6＋7＋8＋9＋10＝55」という足し算を、無限まで足し続けること、さらに実数から複素数に足し算する数の範囲を拡げることがそのポイントです。ラマヌジャンはその足し算の先に「12」を発見しました。

ハーディは病床のラマヌジャンに続けて尋ねました。

「ラマヌジャン、それでは四乗数でそうなる数は何だろうか」

しばらく考えてラマヌジャンは答えます。

「ハーディ先生、それはとても大きな数になります」

ラマヌジャンの読みは正解でした。後世のコンピュータにより、その答えは「635318657」とわかったのですから。

## ここにもあそこにも12

音楽は「12」平均律。

日本の伝統衣装は「十二」単衣。

仏教の十二因縁は、人間が過去・現在・未来を流転する輪廻の様子を説明した「12」の因果関係。

一ダースは「12」単位。

時計は「12」時間で一周り。

一年は「12」カ月。

星座や干支は「12」。

どれも「12」となっています。

ひとまとめになるところには、いつも「12」が現れる。もっとほかにも「12」があるにちがいありません。
私たちは「12」の神秘に支えられ、つつまれて、今ここに在るのです。

# 広がり続ける数の世界

## 自然に覚える「自然数」

自然数は、子供の頃に「自然に覚えるようになる」ことからそう呼ばれるようになりました。この自然数を基に、私たち人類は様々な数を考えだしてきました。

文明の発達に伴い、新たに数が登場してきたことを意味します。土地の測量、商業による金銭の勘定、天文学での観測——。決まってそこには数が必要とされました。

ゼロ、マイナス、分数、そして小数と、数は世界各地でそれぞれに発達を遂げてきました。面白いことに小数は中国では紀元前から、日本でも奈良時代から使われていましたが、ヨーロッパで使われはじめたのは十六世紀になってからのことです。

## 無理数、四元数、八元数……

十八世紀に入ると、数の世界は急速に発展します。「実数」の全貌（ぜんぼう）が明らかになったのです。

二つの整数の比で表される分数は「有理数」ですが、有限小数や循環小数とも呼ばれます。それとは反対に、無限で循環しない小数が「無理数」。

実は古代ギリシャ時代、有理数で表されない数の存在について論じられてはいたのですが、ようやく数学的に証明されたのです。

私たちの普段の生活に無理数は現れてきません。でも円周率や黄金比のことだと考えれば、より身近に感じられるでしょう。

無理数の登場で、数直線上のすべての点が数で表せるようになりました。そして、数の世界は直線を飛び出し、平面へと広がります。これがガウスによる「複素数」（二元数）の発見です。さらに四元数（ハミルトン数）、八元数（ケーリー数）の発見が続きました。数の世界はこれ以上ないことが証明されていますが、数に対する人類の探究心に終わりはなさそうです。

### ◆人は数の世界を広げてきた

**実数**
- 自然数　1，2，3，……
- 整　数　……，－2，－1，0，1，2，……
- 有理数　$\frac{1}{2}$，$\frac{355}{113}$
- 無理数　$\sqrt{2}$，$\pi$

**超複素数**
- 複素数（二元数）
  $3+4i$
- 四元数（ハミルトン数）
  $1+2i-3j+k$
- 八元数（ケーリー数）
  $1+2i-3j+4k+5l-6m-7n+8o$

**整数は神によって創られたが、ほかの数は人の手によるものだ。**

クロネッカー
(1823～1891)

きっとまた
新しい数が見つかるね！

# 無限の先にある無限

## 一番大きい数はいくつ？

日本人は風呂の中で湯につかりながら数を覚えていくのかもしれません。

「いーち、にい、さあん、しい、ご、ろく、なな、はち、きゅう、じゅう」

自然数、それは一からはじまり二、三、……とどこまでも続く数。人は誰しもいつしか、その終わりがないことを悟り、「無限」という言葉も知ることとなります。

パパ「一、十、百、千、万、億、兆だよね。では次の位は何？」

息子「知ってる、京（けい）！」

パパ「正解。よく知ってるな。それでは、一番大きい数はいくつ？」

息子「無限でしょ」

パパ「そうだ。京、垓（がい）、そして無量大数（むりょうたいすう）へと続いていくんだね。無量大数

### ◆見てみよう！　江戸時代の数学教科書『塵劫記』

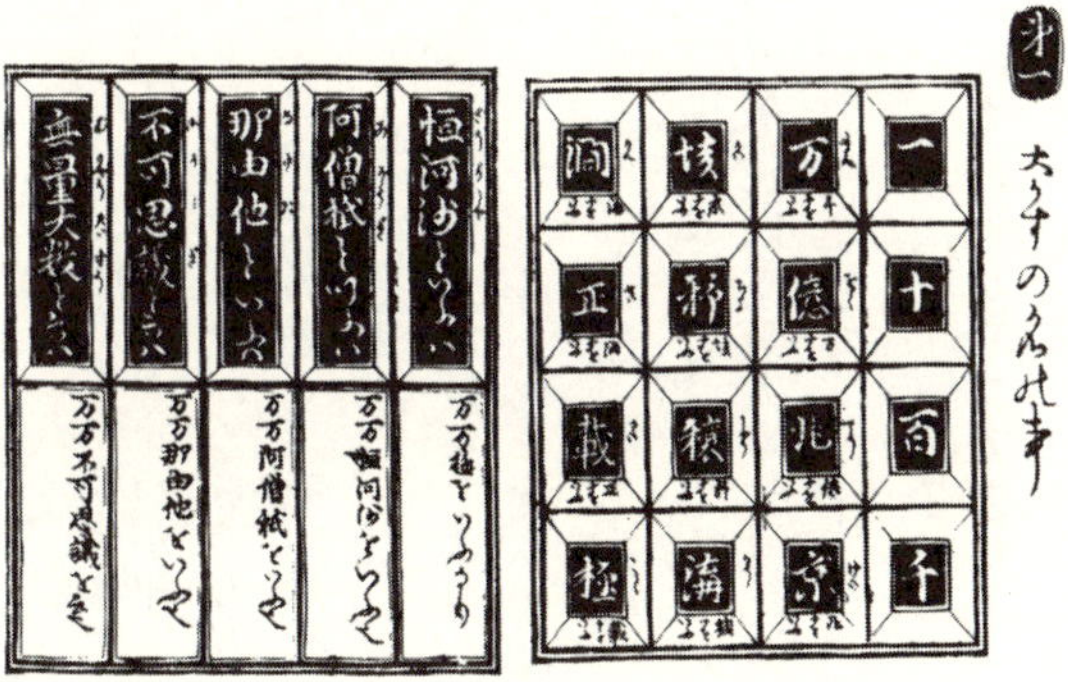


という無限はどれくらい大きいのだろう？」

息子「とってもとっても大きいんじゃないかな」

パパの発言には、残念ながら間違いがあります。

それはどこでしょうか？

ところで、江戸時代、寺子屋で子供は読み書きそろばんを習いました。江戸時代の大ベストセラー『塵劫記（じんこうき）』には、数の数え方が基本として載っています。

江戸期の子供は、無量大数は一〇の六八乗（一の後に〇が六八個）であることをちゃんと知っていました。

つまり、パパは、数の単位の一つである「無量大数」を「無限大」と勘違いしていたのです。

ただ、江戸の数学者もパパが知っていた「無限大」は知りませんでした。とってもとっても大きい数、いくらでも大きな数、終わりがない数を考えることに意味を見いだせなかったのです。その意味では、江戸期の子供も現代のパパも無限大の本質を知らないといえます。

人類は無限を考え続けてきました。

古代ギリシャでは、ピタゴラスは「三平方の定理」を証明し、アリストテレスは「運動」の本質を論じました。それからも人類はことあるたびに無限を考えますが、「とってもとっても大きい数」を超える合理的な理屈を見いだすには至らなかったのです。無限を最大の味方につけた微分法・積分法を考えだしたニュートン、ライプニッツ、そしてオイラーでさえも。

**ついにその時がやってきた！**

一八九一年、数学者カントール（一八四五〜一九一八）の目は、無限の先からやってくる光を捉えることに成功しました。無限に続く自然数は偶数と奇数に分けられます。それならば、自然数の中にある偶数と自然数ではどちらの方がたくさんあるのか。

もし「10」までの自然数を考えるならば、その中に偶数は「2」「4」「6」「8」「10」の五個、つまり自然数一〇個の半分です。

ところが、これが無限にある自然数となるとたんに事情が変わります。どの自然数にもその二倍の偶数が対応することになるので、偶数は自然数と同じだけあることになります。

一一〇ページ「無限にも大小がある?」でも説明しましたが、有限の中では半分であった関係が、無限になるとそうでなくなるのです。同じことが、有理数（分数）に対しても成り立ちます。有理数は自然数の間に割り込んでいる数なので、当然自然数よりも多いように思われます。

ところが、すべての有理数とすべての自然数は一対一に対応することが明らかにされたのです。つまり、有理数と自然数も同じだけ無限個あるということです。

正確には、無限にある数を、「個数」として考えることはできないので「濃度」

という考え方をすればいいのです。

無限にある数の「個数ではなく濃さを比べる」という考え方をカントールは思いつきました。そこに必要だったのが集合論でした。カントールは驚愕の結論を導き出したのです。

「無限を比べることは可能である」

はたして、自然数の無限が一番濃度の小さい無限で、それよりも大きい無限が存在することがわかりました。それは無理数までを含めた実数です。つまり、自然数と実数には一対一の対応関係が成立しないことが明らかになりました。

自然数の無限の濃度を$\aleph_0$（アレフ・ゼロ）、実数の無限の濃度を$\aleph$（アレフ）と呼びます。

数直線上にある点を例にあげて説明してみましょう。次のページを見てください。点がぎっしり敷き詰められた結果、直線ができますが、自然数の無限個（アレフ・ゼロ）の点では直線は「すかすかですきまだらけ」となり、つながった直線はできません。

これよりも大きい無限個（アレフ）だけ点を敷き詰めると、ようやくすきまがな

◆つながった直線ができるまで

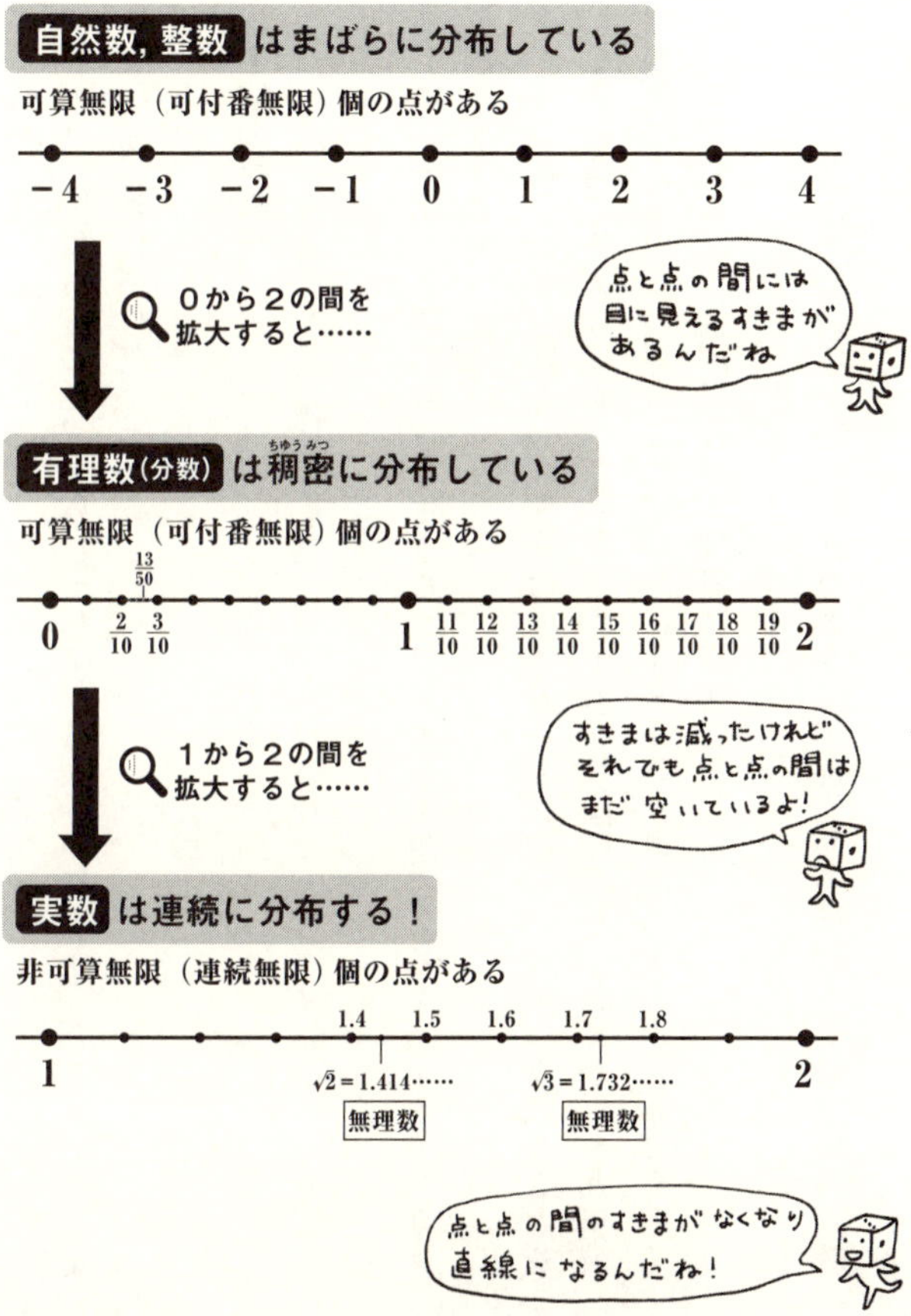

自然数, 整数 はまばらに分布している
可算無限（可付番無限）個の点がある
−4 −3 −2 −1 0 1 2 3 4
0から2の間を拡大すると……
点と点の間には目に見えるすきまがあるんだね
有理数（分数）は稠密（ちゅうみつ）に分布している
可算無限（可付番無限）個の点がある
13/50
0 2/10 3/10 1 11/10 12/10 13/10 14/10 15/10 16/10 17/10 18/10 19/10 2
1から2の間を拡大すると……
すきまは減ったけれどそれでも点と点の間はまだ空いているよ！
実数 は連続に分布する！
非可算無限（連続無限）個の点がある
1.4 1.5 1.6 1.7 1.8
1 2
√2＝1.414…… 無理数
√3＝1.732…… 無理数
点と点の間のすきまがなくなり直線になるんだね！

くなり、直線ができるということです。これが実数なのです。
無限にも大小二種類あること、さらにそれよりも大きい無限が存在するという驚くべきことが証明されました。

「数学は無限の科学」

こう語ったのは、数学者、物理学者、哲学者のヘルマン・ワイル(一八八五〜一九五五年)です。

そして、カントールと同じ時代を生きたポアンカレ予想で有名な天才ポアンカレの言葉が響き渡ります。

「カントール以後、数学は新しい展開をはじめることになった。無限を語ることを可能にした集合論の整備は、すべての数学の土台を強固にした。わずか百十九年前に人類は無限の世界の重い扉をこじ開けたにすぎない。無限の世界からふりそそぐ光は有限の世界を照らし続け、数学の世界は深化している」

江戸時代、子供に無量大数が教えられたように、現代の子供たちにも、無限が教えられるときがやってくることでしょう。

そのとき、パパと息子はいっしょに風呂につかりながら「無量大数」と「無限大」の違いを語り合っているはずです。

# 9の(9の9乗)乗の大きさはどれくらい?

## そこに数があるから数える

無限。そこには大小二つがあります。この単純な事実に人類が気付くまでに数千年の時間を必要としました。

そこに山があるから山に登る。

そこに海があるから海に潜る。

単純な夢の実現にどれだけの努力が注ぎ込まれてきたのでしょうか。

そして、人類はそこに数があるから数を数えます。

数は山や海と同じです。一歩一歩、一掻き一掻き、高いところや深いところを目指してアタックするように、一つ一つ計算する以外に数にたどり着く方法はありません。山には山の、海には海の、そして数には数の踏破するための技術が必要なのです。

今から百年前、人類は無限を見るための見晴らし台と双眼鏡を手に入れました。この技術は、無限よりもはるかに小さい有限な数にも使えるのでしょうか？

「無限にまで登ったのだから、それより低い有限は楽勝じゃない？」

読者のみなさんはそう思われるかもしれません。ところがその逆なのです。有限は想像以上に高く、また、深いものでした。その過酷さの前に、研究者たちはたじろぎました。エベレストが制覇されたからといって、誰もが富士山に簡単に登れないように。数千メートルの深海に到達した現在でさえ、たった一メートルの水で人は溺れて命を失うように。

## 大きな数を表す方法

ここに有限な一つの数を紹介します。

「グラハム数」です。有限の大きさを持つ、れっきとした自然数です。にもかかわらず、この数はその頂上を見ることができないほど高くそびえ立つ巨大な数です。てっぺんを見ることすらできないグラハム数ですが、その麓（ふもと）へ立つことなら少しのトレーニングでできます。

### ◆9の(9の9乗)乗を計算してみよう

$$9^{9^9} = 9^{(9^9)} = \underbrace{9\times9\times9\times9\times9\cdots\cdots9\times9\times9\times9}_{9が9^9\rightarrow387420489個となる！}=?$$

それでは、三つの数字だけで表すことができる最大の数は何でしょうか？

答えは「$9^{9^9}$」、九の（九の九乗）乗です。記号は使わずに大きな数を表す方法が「指数」です。光の速度は秒速約3・0×$10^8$メートル、電子の重さは約9・1×$10^{-31}$キログラムのように科学の世界では大きい数や小さい数は「指数」を使って表されます。

それでは、この値はどれだけの大きさなのかを計算してみましょう。まずは「九の九乗」からです。電卓を使ってみます。

「$9^9$＝9×9×9×9×9×9×9×9×9＝387420489」

## ◆数学ソフトでも計算不可能！

```
In[1]:=
        9^9^9
        General::ovfl : 計算中にオーバーフローが起りました．  >>

Out[1]=
        Overflow[ ]
```

九桁の数になりました。

つぎに「$9^{9^9}$」を計算します。前ページの上の図を見てください。

電卓で九を三億八七四二万四八九回叩かなければなりません。もはや電卓でも無理な計算です。

ではコンピュータを使ってみたらどうでしょうか。実はコンピュータでも手に余る計算なのです。最新の数学ソフトMathematicaで「$9^{9^9}$」を計算させてみると、「計算中にオーバーフローが起りました」、つまり計算できる大きさを超えていますと叱られてしまいました。

面白いことに今のようなコンピュータがなかった一九〇六年に「$9^{9^9}$」の桁数は計算されています。なんと「三億六九六九万三一〇〇桁」でした。もし、A４用紙一枚に二〇〇〇文字印字するならば、一八万四八四六枚にも及ぶ計算結果です！

◆グラハムの問題

すべての頂点同士を二種類の異なる色のついた線で結んだn次元超立方体を考える。このとき、nがある数N以上であれば、同一平面上にすべての辺の色が同じである完全グラフ$K_4$が存在する。

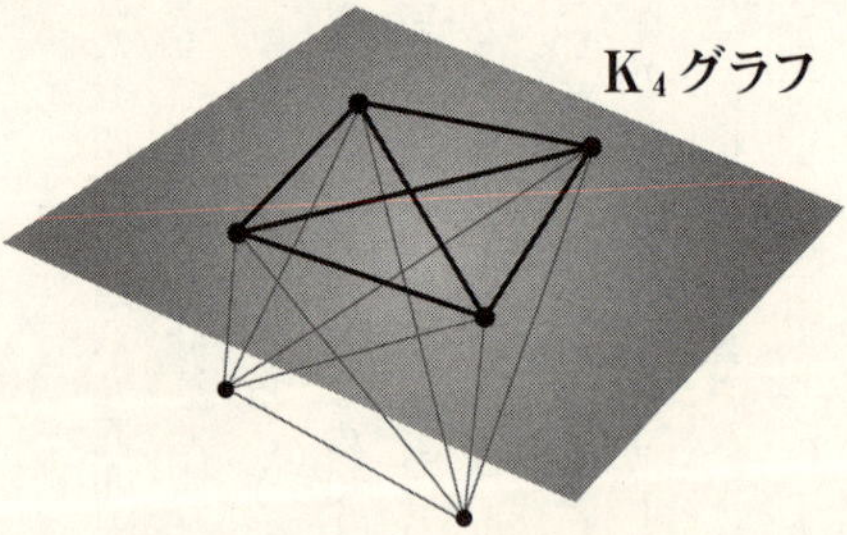

「$9^{9^9}$」は実際に計算する（十進数で表示する）ことがたやすいことではありません。逆に、実際に計算が難しい大きい数は「指数」のおかげで表現することができるのです。

そのことを踏まえて「グラハム数」へのアタックをはじめていきましょう。

## ギネスブックにも認定

もっとも大きい意味ある数として一九八〇年のギネスブックに載ったのが「グラハム数」です。

それは、四色あればいかなる地図も塗り分けができるという「四色問題」で有名なグラフ理論に登場した数でした。

グラフとは点と線だけからなるものをいいますが、そのグラフ理論には大きな数がよく登場してきます。「グラハム数」は「グラハムの問題」に関係して登場してきました。簡単ではありませんが「グラハムの問題」とは前ページの問題です。

「グラハムの問題」の答えはNなのですが、いまだその正確な値はわかっていません。しかし、グラハムはNの限界を求めることに成功しました。「グラハムの問題」の答えNは、グラハム数$G_{64}$以下だというのです。

こうして私たちの目の前に史上空前の巨大な数「グラハム数」が登場してきました。

「$9^{9^9}$」でわかったように大きい数を表すには「指数」が有効です。ところが「グラハム数」は「指数」が役に立たない数なのです。「指数」に代わる新しい記号が「↑（タワー）」です。まさにそびえ立つ様を表すにはうってつけの言葉です。「グラハム数」へ登るために必要な新しい装備「↑（タワー）」をざっと見ていきましょう。

タワー数の約束事をまじめに説明してしまうのはちょっと大変です。大切なことは、指数よりもはるかに大きな数を表すことができる様子がわかることですので、具体例をあげて説明していきます。

次ページの図を見てください。

このように1本のタワー「↑」は指数の計算を意味します。そして、左側の数1、2、3、4、……が「3↑3＝27」にまで大きくなると「↑」が一本増えて「↑↑」となります。それが「3↑(3↑3)＝3↑↑3＝$3^{3^3}$＝$3^{27}$＝

### ◆巨大数を表現するためのタワー（↑）

$$3 \uparrow 1 = 3$$
$$3 \uparrow 2 = 3^2 = 3 \times 3 = 9$$
$$3 \uparrow 3 = 3^3 = 3 \times 3 \times 3 = 27$$
$$3 \uparrow 4 = 3^4 = 3 \times 3 \times 3 \times 3 = 81$$

7625597484987（一三桁）」ですから「$9^{9^9}$は9↑↑3」と表すことができるわけです。

ここで、二本のタワー数「↑↑」の例を見てみましょう。まだ「グラハム数」への登山がはじまったばかりなのに大きい数に遭遇してしまいました。

なぜなら、この宇宙に存在する全粒子は一〇の八〇乗個ほどなので、素粒子一個で一つの数字を印刷したとしても一〇の八〇乗桁の数字しか印刷できないのです。3を約三・六兆個かけ算した数「3↑↑5」は、もはやこの宇宙では展開できないほど大きい数なのです。

先を急ぎましょう。「3↑↑5」「3↑↑6」「3↑↑7」……が「3↑↑(3↑↑3)」まで大きくなるとタワー「↑」が一本増えて「3↑↑↑3」となります。

そして、「3↑↑↑7」「3↑↑↑8」「3↑↑↑9」

……が「3↑ ↑↑（3↑↑↑3）」まで大きくなるとタワー「↑」がまた一本増えて「3↑↑↑↑3」となります。

ここまでくると、「3↑↑↑↑3」は「3↑↑↑3」と比べてどれほど大きいのかを説明する言葉が見あたりません。とても、非常に、ものすごく、超、とてつもなく、とんでもなく、はかりしれないほど、どの言葉も「3↑↑↑↑3」の前には何の役にも立ちません。私たちが知っている「大きい」を表す数々の言葉はその増え方が一定なのです。「億、兆、京、……、無量大数」も「メガ、ギガ、テラ、……、ヨタ」もそれぞれ四桁、三桁ずつという増え方が一定だということです。算術的と言い換えることもできます。

マルサスの人口論「食料は算術級数的に増加するのに対して、人口は幾何級数的に増加する」にある「算術（級数）的」です。幾何級数的とは指数関数的のことで簡単にいえば爆発的という意味です。自然現象はビッグバンから人口増加、細胞分裂まで「指数関数的」で説明がついてしまいます。

それに対してタワー数は「指数関数の指数関数的」とでもいうべき増え方をする関数なのです。このような増え方を説明する言葉が身近に見あたらないのは当然と

## ◆3を3兆個以上掛ける計算！

$$3\uparrow\uparrow 4 = \underbrace{3^{3^{3^{3}}}}_{3が4個} = 3^{7625597484987} = \bigcirc\bigcirc\cdots\cdots\bigcirc\bigcirc \text{（約3.6兆桁）}$$

$$3\uparrow\uparrow 5 = \underbrace{3^{3^{3^{3^{3}}}}}_{3が5個} = 3^{\overbrace{\bigcirc\bigcirc\cdots\cdots\bigcirc\bigcirc}^{約3.6兆桁}} = ?$$

## ◆宇宙では展開できない大きさになる！

$$3\uparrow\uparrow(3\uparrow\uparrow 3) = 3\uparrow\uparrow\uparrow 3 = \underbrace{3^{3^{3^{\cdots^{3^{3^{\cdots^{3^{3^{3}}}}}}}}}}_{3が3\uparrow\uparrow 3 = 3^{3^{3}} = 約7兆個}$$

$$3\uparrow\uparrow\uparrow 4 = \underbrace{3^{3^{3^{\cdots^{3^{3^{\cdots^{3^{3^{3}}}}}}}}}}_{3が3\uparrow\uparrow\uparrow 3個}$$

$$3\uparrow\uparrow\uparrow 5 = \underbrace{3^{3^{3^{\cdots^{3^{3^{\cdots^{3^{3^{3}}}}}}}}}}_{3が3\uparrow\uparrow\uparrow 4個}$$

$$3\uparrow\uparrow\uparrow 6 = \underbrace{3^{3^{3^{\cdots^{3^{3^{\cdots^{3^{3^{3}}}}}}}}}}_{3が3\uparrow\uparrow\uparrow 5個}$$

### ◆グラハム数$G_{64}$への道①

$$G_{n+1} = 3\underbrace{\uparrow\uparrow\cdots\uparrow\uparrow}_{\uparrow\text{が }G_n\text{ 本}}3$$

$$G_1 = 3\uparrow\uparrow\uparrow\uparrow 3 \quad \text{とすると}$$

$$G_2 = 3\underbrace{\uparrow\uparrow\cdots\uparrow\uparrow}_{\uparrow\text{が }G_1 = 3\uparrow\uparrow\uparrow\uparrow 3\text{ 本}}3$$

$$G_3 = 3\underbrace{\uparrow\uparrow\cdots\uparrow\uparrow}_{\uparrow\text{が }G_2\text{ 本}}3$$

いえます。

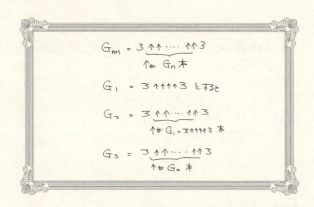

駆け足でしたがこれで「グラハム数」の入り口の前に立ったことになります。一気に入り口をくぐり頂上を眺めることができるポイントを探します。

## グラハム数$G_{64}$に迫る

タワー数の特徴は「↑」が一本増えるだけで想像できないほど巨大になることです。ところがこれでもまだ「グラハム数」にはたどり着けません。もう一踏ん張りが必要なのです。なんと、タワー数「↑」の本数をタワー数だけ増やすということを考えるのです。「3↑↑↑↑3」を$G_1$として、$G_2$は3と3の間に「↑」

### ◆グラハム数$G_{64}$への道②

$$G_{64} = 3\underbrace{\uparrow\uparrow\uparrow\uparrow\cdots\uparrow\uparrow\uparrow\uparrow\cdots\uparrow\uparrow\uparrow\uparrow}3$$

$$3\underbrace{\uparrow\uparrow\uparrow\cdots\uparrow\uparrow\uparrow\cdots\uparrow\uparrow\uparrow}3 = G_{63}$$

$$3\underbrace{\uparrow\uparrow\cdots\uparrow\uparrow\cdots\uparrow\uparrow}3 = G_{62}$$

$$\vdots$$

$$3\underbrace{\uparrow\uparrow\cdots\uparrow\uparrow}3 = G_2$$

$$3\uparrow\uparrow\uparrow\uparrow3 = G_1$$

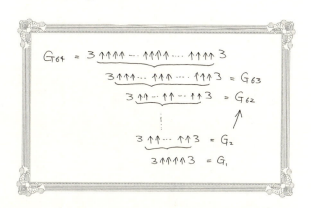

を$G_1$本だけある数、$G_3$は3と3の間に「↑」を$G_2$本だけある数、$G_4$は3と3の間に「↑」を$G_3$本だけある数、と次々にタワー数を積み上げていきます。

こうしてステップを六三回繰り返すと$G_{64}$に到達します。それが「グラハム数」なのです。

「グラハム数」の大きさを語る言葉を私たちは持ち合わせていません。ここに至るはるか前段階の数ですら、計算してすべての結果を表すにはこの宇宙は小さすぎるのでした。

「数字」という文字は印刷されて見ることができるものですが、「数」は概念なので形のない存在です。

私たちはその形なき「数」を自らの頭の中に映して見ることができるのです。

たった一四〇億個たらずの細胞でできた大脳の中に「グラハム数」はあります。巨大数を考えていく中で「数字」を超越していく「数」の風景が目の前を通り過ぎていきました。私たちは「数字」を超越してはじめて「数」に遭遇するのかもしれません。

無限は「グラハム数」よりもはるか彼方に輝いています。巨大数を眺めてはじめて見えてくる有限と無限の風景があります。言葉で無限といったところでほとんどは実感を伴っていないのではないでしょうか。

もしかしたら思考できないことを安易に無限という言葉を使って表現しているのかもしれません。

「グラハム数」という巨大数はどこで私たちが言葉を失うかを正確に教えてくれました。

今確かに私たちは「グラハム数」の麓に立ち、見上げています。しかし、それは遠く離れたところから引きで見ているといえるでしょう。太陽も星も間近で見ることはできないけれど、遠く離れた地球上に立てばこそ見ることができます。

## ◆数学者コヴァルのロマンあふれる名言！

数学者の鉛筆には、顕微鏡よりも
さらには望遠鏡よりも
遠く深い世界が見えている。
その鉛筆にとっては、
顕微鏡や望遠鏡に見えない原子も、
最も遠い銀河星雲も手の届く世界なのである。

数学者 コヴァル

だとすると「グラハム数」を見ている私たちは、いったいどこに立っているのでしょうか。まだ見たことがない「数」の風景がきっとこれからも、私たちの頭の中を通り過ぎていくことでしょう。

# 感動的な数学者のはなし　岡潔

**岡潔（一九〇一～一九七八）**
多変数複素関数論で世界的な業績を残す

**数学は生命の燃焼である！**

「数学は生命の燃焼によってつくるのです」

一九六〇年、文化勲章授与式で昭和天皇にこう語った数学者こそ岡潔その人です。

岡は、多変数複素関数論の新境地を開拓して世界に認められました。私は岡潔のこの言葉が大好きです。数学者として自らの生命の意味を見事に語った言葉といえます。

岡潔は、一九三〇年代、一九四〇年代に「多変数複素関数論」の重要未解決問題を鮮やかに解決しました。孤高の研究者であった岡潔にとって、数学こそが生命の根源にたどり着くための道標だったのです。

数学の目標は真の中における調和であり、芸術の目標は美の中における調和である。

岡潔著『春宵十話』

岡は、数学も芸術もその深部にある調和を見つけだすことこそが目標なのだと語りました。その作業過程では、ただ一人自分の心の灯明だけをたよりに闇を彷徨(さまよ)い続けることになります。はたしてたどり着いた数学の調和の園には、前人未踏の風景が広がっていました。

そして、岡は次第に自分の内なる生命の根源が、自らを取り巻く世界全体につながっていることに目を向けていきます。一九四九年には奈良女子大学教授に就任し、女子教育に関心を深めていくことをきっかけに日本と日本民族の将来を憂い、「日本が抱える問題の本質は教育にある」と発言を続けました。

私には日本民族はいま絶滅のがけのふちに立っているようなものとしか思えない。それだけでなく、世界的にみても、人類は葬送行進曲を続けてやめないようにしか見えない。そんな状態でなぜ教育のような迂遠なことを話すのかと思われるかもしれないが、この危険状態から脱するにはよく教育するしかないのである。というだけでなく、日本の危機もまた教育、特に義務教育から来ている。

岡潔著『春宵十話』

## 心に響く岡潔の言葉

この岡の言説は一九六三年のものですが、現在の日本にもそのまま通用するのではないでしょうか。

岡は現代の私たちにも響く見事な言葉を数多く残しました。岡の数学の言葉――定理や証明――と同じように、厳密な観察、考察そして論証にもとづいた彼の言説は読む人の心に迫るものがあります。

岡はくり返し語っています。数学は論理的な学問であるが、その論理の根底にあるのは「情緒」であると。人の中心は情緒であるがゆえに、それが育たなければ数学もわからないのだと。

昭和天皇に語ったその言葉には、数学と人間を見続けてきた岡潔の想いが凝縮されているように私には思えます。

吉川英治さんの小説は昔から愛読していたが、直接知りあったのは一九六〇年秋、一緒に文化勲章を受けたときで、（中略）それから式になり、陛下におじぎをして池田さんに勲章をもらい、帰って来てこんどは荒木さんから勲章を首にかけてもらった。それがすんで別室で陛下と一緒にお昼ごはんをいただいた。皇太子殿下と三笠宮さまも一緒で、お料理はなかなかおいしかった。食事のあと、また別の部屋でコーヒーをいただきながら陛下からご下問があったのだが、私はあがっていたとみえて、陛下が何とおっしゃったか全く覚えていない。ただ、ご質問の語尾の「……の」というところが耳に残っただけだった。したがってどうお答えしたかも覚えてないのだが、あとで荒木さんに教えてもらったところでは、私は「数学は生命の燃焼によって作るのです」といったという。そのころ私は学問のオリジナリティーを強調していた時期だったので、その考えをそのまま陛下に申し上げたらしい。それが大変吉川さんの気に入ったらしく、あとで、自分の作中の人物も、ひっきょう生命の燃焼を描こうとしているのだといわれた。これでますます吉川さんの知遇を得ることになったわけである。

岡潔著『春宵十話』

ここからは、岡潔が命を懸けて挑戦した多変数複素関数論と彼の珠玉の言葉の数々を紹介したいと思います。

## 岡は個人ではなく数学者の集団?

岡はフランス留学がきっかけで「多変数複素関数論」という研究テーマを選びました。この超難問は、難しいがゆえに研究する価値があると見込んだのはよかったのですが、岡は何年もその問題の本質をつかめずにいました。

私は一九三二年に帰国して広島の大学に奉職した。問題を決めてから四年間、それについていろいろに考えてみたのだが、どうしても、どう手をつけて行ってよいかわからない。学校における私の評判はだんだん悪くなっていった。私が少しも研究を発表しないし、講義も少しもまじめにやらないからである。学生に一度ストライキされたことさえある。しかし、私はどうにも力を分散させる気にはなれなかったのである。

岡潔著『岡潔―日本のこころ』

一九三二年、広島文理科大学助教授になった岡は、一九三五年に「上空移行の原理」を発見したものの、一九三八年、三十六歳のときに職を辞して郷里の和歌山県伊都郡紀見村（現在の橋本市）に帰ります。

彼は、驚くべきことに現在でいうフリーターとなり、四十九歳までぎりぎりの生活の中で数学研究に没頭したのです。岡の名を不朽のものとした「不定域イデアル」の理論はまさにこの極貧の中で生みだされました。

岡は生涯に一〇編の論文を残しましたが、その数だけをみれば当時としても異常に少ないものです。

しかし、この論文のほとんどが珠玉の内容だったのです。海外の数学者に「岡とは個人ではなく数学者集団の名前ではないのか」と思われたほどの業績でした。ジーゲル、ヴェイユ、カルタンといった錚々たる数学者は岡潔に会うために奈良までやってきたのです。

岡潔はすべてを彼の数学につぎ込み、五十二歳までには研究テーマであった難問をすべて解決しました。

岡の「不定域イデアル」の理論は、今日の数学の主要概念の一つである連続層の概念につながるものになり、大きな数学の道を開拓したといえます。

それまでまったく光があてられなかった暗黒の多変数複素関数論の世界にたった一人で挑み続け、光を与えた岡潔。その光こそ、自らが生命の燃焼と語ったものにほかならなかったのです。彼が活躍した二十世紀前半は、世界的にこのような潮流があったと思われます。それは「知の巨人が世界を切り開いた」ということです。数学ではポアンカレ、物理学ではアインシュタイン。実はそのとき、日本にも巨人が闊歩していたのです。岡潔はまさにその一人でした。

巨人・岡潔を語り尽くせるとは思いませんが、その片鱗だけでも見つめ直すに値することだけは確かです。

私たちは西洋に目を向けがちです。しかし、それは自分たちの国の歩みをしっかり見つめ直してからでも遅くはないのだと思います。

最後に、教育について語る岡潔の言葉を紹介します。現代の日本を見て岡潔は何を私たちに語るでしょうか。

……学校を建てるのならば、日当たりよりも、景色のよいことを重視するといった配慮がいる。しかし、何よりも大切なことは教える人のこころであろう。国家が強権を発動して、子供たちに「被教育の義務」とやらを課するのならば「作用があれば同じ強さの反作用がある」との力学の法則によって、同時に自動的に、父母、兄姉、祖父母など保護者の方には教える人のこころを監視する自治権が発生すべきではないか。少なくとも主権在民と声高くいわれている以上は、法律はこれを明文化すべきではなかろうか。

いまの教育では個人の幸福が目標になっている。人生の目的がこれだから、さあそれをやれといえば、道義というかんじんなものを教えないで手を抜いているのだから、まことに簡単にできる。いまの教育はまさにそれをやっている。それ以外には、犬を仕込むように、主人にきらわれないための行儀と、食べていくための芸を仕込んでいるというだけである。しかし、個人の幸福は、つまるところは動物性の満足にほかならない。生まれて六十日目ぐらいの赤ん坊ですでに「見る目」と「見える目」の二つの目が備わるが、この「見る目」の主人公は本能である。そうして人は、えてしてこの本能を自分だと思い違いするのである。それでこのくにでは、昔から多くの人たちが口々にこのことを戒めているのである。私はこのくにに新しく来た人たちに聞きたい。「あなた方は、このくにの国民の一人一人が取り去りかねて困っているこの本能に、基本的人権とやらを与えようというのですか」と。私にはいまの教育が心配でならないのである。

岡潔著『春宵十話』

# おわりに

「三平方の定理」を見つけ、音律も考えだしたピタゴラスは「万物の根源は数なり」と言ったといいます。身近にあるものに次々と数が関わっていることを見つけたピタゴラスならではの言葉といえます。

宇宙には、数の調べという通奏低音が響き渡っているようです。しかし、予言者のようなピタゴラスにとっても、その発見の数々は偶然の出会いによるものでした。すべてが必然であるとしたなら、数学は本当につまらない世界だったことでしょう。

そうではない、つまり偶然の出会いがあるからこそエキサイティングなのです。私たちがこの世に生まれたときからその偶然の出会いがはじまるのです。その出会いを通じて人は大きくたくましく育っていきます。

けれども、数はいつまでたっても育ちません。「1」はずっと永遠に、無限の過去から無限の未来まで「1」のままです。数は時間から独立しています。私たちから見れば、数は時間を超越しているようにも思えます。

不思議なことにそんな数でも、数どうしの関係の中に存在している様子がわかってきました。私たち人間社会が大勢の人で構成されるように、数の世界も一つ一つの数たちの関係で成り立っている様子がわかってきたのです。


数たちにとってみれば人間からのぞかれていることは大きなお世話なのかもしれません。私たちに関係なく数の世界はあるのですから。でも、私たちからしてみれば、そんな数の世界を黙って眺めているわけにはいかないのです。

地球上にはこんなにもたくさんの生物がいるように、数の世界には私たちが知らない数がまだたくさんあるはずです。新種の生物の発見に心躍るように、新種の数の発見にもびっくり仰天するのが私たちなのです。

私たちと数との出会いは偶然の巡り合いに思えてなりません。


本書に登場した自然数、有理数、無理数、虚数、黄金比、白銀比、円周率、ネイピア数、グラハム数……どれも私たちが発見した数たちです。時の流れに身をおく私たちにとって、数との出会いは長い時間をかけてようやく果たされた結果といえます。

計算の旅の終着駅に立って出会えた数なのです。つぎにその数を出発駅としてまた新しい旅がはじまります。このくり返しで数から数へのレールが敷かれていきました。

数学という名のミステリー列車の旅は今も続いています。さしあたっての到着駅は見えていますが、それがその先どこへ続いていくのか誰にもわかりません。私たちがその旅を続けるかぎり、必ず新しい出会いが待っているはずです。

そのときまたみなさんと旅を振り返ることができるのを楽しみにしています。

計算とは旅

イコールというレールを数式という列車が走る

旅人には夢がある

ロマンを追い求める果てしない計算の旅
まだ見ぬ風景を探して、きょうも旅はつづく

二〇一〇年六月

桜井　進

# 文庫版あとがき

二〇一〇年に刊行された本書『面白くて眠れなくなる数学』は、おかげさまで発行部数が一五万部を超え、さらに多くの皆様に読んでいただけるよう文庫化に至りました。著者の想像を超える広がりは望外の喜びです。購読して頂いた皆様に深く御礼を申し上げます。

本書は、刊行されて以来、実に様々な思い出を著者にもたらしてくれました。私はサイエンスナビゲーター®として全国を飛び回り数学の講演会——数学エンターテインメントショーを行っています。その数、年間六〇回を超えます。対象は幼稚園、小学校、中学校、高等学校、大学、社会人、先生方と老若男女を問いません。そこで本書の読者に出会います。

小学生の読者との出会いには驚かされました。その多さもまた著書の想像を超えるものでした。もともとの読者対象は成人でした。小学生を対象とした数学の本の制作を手がけるようになったのは、『面白くて眠れなくなる数学』刊行後のことです。

小学生の読者は本書を始め、『超 面白くて眠れなくなる数学』『超・超面白くて眠れなくなる数学』（以上、ＰＨＰ研究所）といった、同じシリーズの他書も読んでくれているではありませんか。講演会の会場に私の本を持ってきてサインをリクエストしてきます。その本は見るからに何度も読んだことが分かるほど読み古されています。私はサインを書きながら、「いつ買ってもらったの？」とたずねると、三年生だと答えてくれる小学校六年生もいました。

思い起こせば、私が物書きを仕事にするようになった原点は小学校時分の本との出会いです。今から四〇年前の小学校、図書室の蔵書数は大きかった。はしごで最上段の本棚にまで上がらないと手にできないほど本があふれていました。

その最上段の棚には、到底小学生が対象ではない専門書が、読者を待っていたのです。小学生の私がはしごを登り出会った本たち――ラジオ、電子工学、コンピューター、宇宙、物理学、哲学、芸術、文学、ＳＦ……。本選びは自由です。本自身もいかなる読者をも受け入れようと手に取ってもらうことをじっと待ち続けています。むしろ、子供は大人が読むような本だから読んでみたいと思っていたのです。小学生の読者とボロボロに読み古された『面白くて眠れなくなる数学』の出現に、私は四〇年前の自分の姿を思い出しました。

現代の小学生と四〇年前の私との違いは、数学の本の有無です。私が数学の本に興味を持ちだしたのは高校生になってからのことで、小学生・中学生の時に興味を持った数学の本との出会いはありませんでした。『面白くて眠れなくなる数学』を大事に抱えてきた小学生の出現に、私は感慨深い気持ちになりました。

数――素数、円周率、数、数、無理数、有理数、ネイピア数、グラハム数――、数学者――ピタゴラス、ガウス、オイラー、ラマヌジャン――、数学用語――ルート、三角関数、対数、微分・積分、ゼータ関数――、難問――ポアンカレ予想、フェルマー予想、リーマン予想――。算数の教科書には到底現れない、未知の数学世界を小学生が知る時代になりました。

私はある本で、未解決難問・リーマン予想が解決されるまでのロードマップを紹介しました。その中で小学生がゼータ関数を〝理解〟するようになる時代が来て、そのような数学に目覚めた人の中からリーマン予想を解決する人が現れるだろうと予言しました。

『面白くて眠れなくなる数学』が文庫化されることで、これまで以上に数学世界に興味・関心を持ってもらう人が増えることを期待せずにはいられません。数学世界はリーマン予想だけではありません。実に広大かつ深い世界が数学です。どこに興味・関心を持つかは一人一人の自由です。数学の本質は自由にあります。本書が読者の皆様と自由な数学世界への架け橋になってもらえるならば、著者としてこれほどの喜びはありません。

二〇一七年七月

桜井　進

# 参考文献

『記号論理入門』（前原昭二著　日本評論社）
『数学英語ワークブック』（マーシャ・ベンスッサン他著　丸善）
『数学版　これを英語で言えますか?』（保江邦夫著　講談社）
『数学名言集』（ヴィルチェンコ編　大竹出版）
『人に教えたくなる数学』（根上生也著　SBクリエイティブ）
『数学セミナー　フィールズ賞物語』（日本評論社）
『万物の尺度を求めて』（ケン・オールダー著　早川書房）
『アインシュタインの世界』（L・インフェルト著　講談社）
『雪月花の数学』（桜井進著　祥伝社黄金文庫）
『ガウスが切り開いた道』（シモン・G・ギンディキン著　シュプリンガー・フェアラーク東京）

『超複素数入門―多元環へのアプローチ』（I・L・カントール著　浅野洋監訳　森北出版）

『集合・位相・測度』（志賀浩二著　朝倉書店）

『無限の天才―夭逝の数学者・ラマヌジャン』（ロバート・カニーゲル著　工作舎）

『岡潔―日本のこころ』（岡潔著　日本図書センター）

『春宵十話』（岡潔著　毎日新聞社）

David Eugene Smith,A SOURCE BOOK IN MATHEMATICS, Dover Publications

著者紹介
**桜井 進**（さくらい　すすむ）
1968年、山形県生まれ。サイエンスナビゲーター®。東京工業大学理学部数学科卒業、同大学大学院院社会理工学研究科博士課程中退。
2000年、サイエンスナビゲーター®として数学の驚きと感動を伝える講演活動をスタート。
東京工業大学世界文明センターフェローを経て、現在に至る。小学生からお年寄りで、誰でも楽しめて、体験できるエキサイティング・ライブショーは、見る人の世界観を変えると好評を博す。
数学エンターテイメントは日本全国で反響を呼び、テレビ出演、新聞、雑誌などに掲載され、話題になっている。サイエンスナビゲーターは株式会社 sakurAi Science Factory の登録商標です。
『感動する！ 数学』（ＰＨＰ文庫）、『子どもの算数力は親の教え方が９割』『超 面白くて眠れなくなる数学』（以上、ＰＨＰエディターズ・グループ）を始め、著書多数。

この作品は、2010年８月にＰＨＰエディターズ・グループより
刊行された。

PHP文庫　面白くて眠れなくなる数学

2017年8月15日　第1版第1刷
2022年11月21日　第1版第8刷

著　者　桜井　進
発行者　永田貴之
発行所　株式会社ＰＨＰ研究所
東京本部　〒135-8137　江東区豊洲5-6-52
ビジネス・教養出版部　☎03-3520-9617(編集)
普及部　☎03-3520-9630(販売)
京都本部　〒601-8411　京都市南区西九条北ノ内町11

PHP INTERFACE　https://www.php.co.jp/

組　版　株式会社PHPエディターズ・グループ
印刷所
製本所　図書印刷株式会社


ISBN978-4-569-76760-4

PHPの本

# 超面白くて眠れなくなる数学

桜井 進 著

ベストセラー第2弾！ 身の周りにひそむ数学からロマン溢れる壮大な数の話まで。眠れなくなるくらい面白い数学エンターテインメント！

PHPの本

# 面白くて眠れなくなる数学者たち

桜井　進　著

ベストセラー『面白くて眠れなくなる数学』シリーズ。数学者の奇想天外なエピソードと文系でもわかる数学のはなし。

PHPの本

# 子どもの算数力は親の教え方が9割

桜井 進 著

分数のかけ算・わり算、図形の体積・面積、割合、比など、算数が苦手な子どもが脱落しがちなポイントと「理解するコツ」がわかる一冊。

PHP文庫

# 感動する！ 数学

桜井 進 著

「数学は宇宙共通の言語」「ドラえもんはアインシュタインだった！」など、ワクワクする内容が盛り沢山の、数学を思いっきり楽しむ本。

PHP文庫

# 面白くて眠れなくなる理科

左巻健男 著

大人も思わず夢中になる、ドラマに満ちた自然科学の奥深い世界へようこそ。大好評「面白くて眠れなくなる」シリーズ！

PHP文庫

# 面白くて眠れなくなる物理

左巻健男 著

透明人間は実在できる？　空気の重さはどれくらい？　氷が手にくっつくのはなぜ？　身近な話題を入り口に楽しく物理がわかる一冊。

PHP文庫

# 面白くて眠れなくなる化学

左巻健男 著

火が消えた時、酸素はどこへ？　水を飲み過ぎるとどうなる？　不思議とドラマに満ちた「化学」の世界をやさしく解説した一冊。